やさしくわかる!

文系のための
東[illegible]先生が教える
ス[illegible]スと自律神経

監修
東京大学大学院准教授
滝沢 龍

はじめに

「ストレス（Stress）」という言葉には，健康や生活にとって悪い意味であるかのような印象があるかもしれません。しかし本書では，健康にすごしていくために不可欠なプロセスであることを説明します。

また，**「自律神経」は体のさまざまな部位をつないで協力しながら，その名の通り，自律してはたらいています。**ストレスの中であらわれる心身のゆがみも，無意識のうちに元に戻し，自律的に調和を維持してくれるそのはたらきにはおどろかされることと思います。そのゆがみが強すぎてバランスがくずれるときに，何らかの不調や病気に至ることも明らかにします。

もしストレスに関して悪い意味があるのだとしたら，それはこうした心や体からのシグナルを，自身が無視し続けてしまうことにあると思います。心と体にあらわれる一過性のゆがみが積み重なり，元に戻りにくいゆがみとなることもあるのです。そうなる前に，心身のバランスを整えて，自律的な調和がとれる状態に戻すことをおすすめします。

本書の後半では，その心身のバランスを整える具体的な方法も，いくつか紹介しています。**自身で早めにケアできればよいですし，場合によっては専門家を頼ってもよいのです。**生活習慣のリズムを整えてあらかじめ備えておくことができれば，予防にもなって，さらによいでしょう。

科学雑誌「Newton」にこれまで紹介された「ストレスと自律神経」にかかわるさまざまな科学的知識を，なるべくわかりやすく解説を加えていく対話形式になっています。ぜひ気を楽にして読みすすめてみてください。本書の内容が，読者の皆様の日常生活の中で何かしらお役に立てましたら幸いです。

監修
東京大学大学院教育学研究科准教授
滝沢 龍

目次

0時間目 ストレスと現代社会

STEP 1

ストレスを生き抜く体のしくみ

1時間目 ストレスとは何か

STEP 1

ストレスはなぜ発生する?

STEP 2

ストレスを感知するのは脳!

2 時間目 自律神経とは何か

STEP 1

自律神経のメカニズム

STEP 2

自律神経はどうやってはたらく?

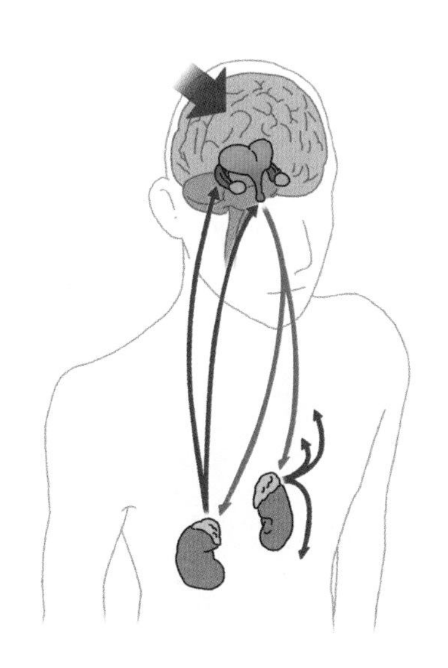

3時間目 ストレスと病気

STEP 1

ストレスが引きおこす心身の不調

STEP 2
自律神経失調症ってどんな病気?

4時間目 心と体を整えよう

STEP 1
医療機関でおこなわれる治療方法

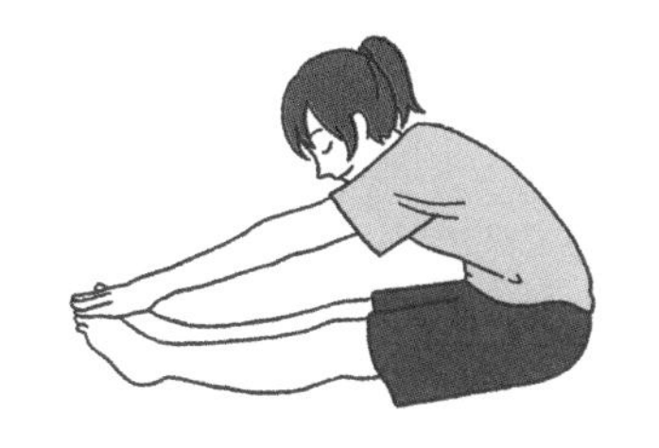

STEP 2

ストレスに負けない！ セルフケアのススメ

とうじょうじんぶつ

滝沢 龍先生

東京大学で臨床精神医学，臨床心理学，
脳神経科学を教えている先生

文系会社員（27歳）
理系分野を学び直そうと奮闘している。

0

時間目

ストレスと現代社会

ストレスを生き抜く体のしくみ

私たちはストレスを感じると，不眠や腹痛など，さまざまな身体症状があらわれることがあります。私たちの体には，一体どのようなしくみがひそんでいるのでしょうか？

現代人の約半数はストレスを抱えている

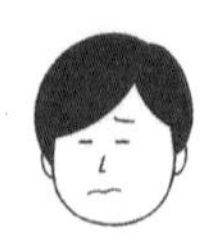

はぁ〜……。

おや，深いため息なんかついて。何かあったんですか？

実は来月，うちの会社の新製品の発表会があるんです。毎回100人以上のお客さんや，取引先の人たちもくるんですけど，次回のプレゼン，私がやることになったんですよ……。

すごいじゃないですか。期待されているんですね。

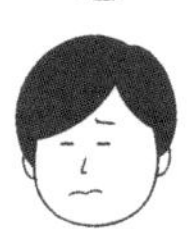

いやそれがもう，今から**心臓バクバク**で……。
先輩は「新製品の命運はお前のプレゼンにかかってるからガンバレ！」とか変なプレッシャーかけてくるし……。
ここ最近，プレゼンの準備に追われているんですが，緊張のせいか胃腸の調子がすごく悪いんです……。

なるほど。もしかしたらその準備に**ストレス**を感じていて，体調に異変がおきてしまっているんでしょうかね。

そうなんです。
先生，よく「それはストレス性胃腸炎だね」とか「ストレスからくる偏頭痛」とかいいますよね。
ふと思ったんですが，どうしてストレスを感じると体調が悪くなるんですか？　こんなにストレスだらけだったら体がもちませんよ……。何とかならないものでしょうか。

そうですね。それにはまず，ストレスについて，そしてストレスと心身の関連についてよく知ることが必要ですね。
というのも，現代社会では，2人に1人が何らかのストレスを抱えているといわれているんです。

2人に1人〜!?
そんなに多くの人がストレスを抱えて生きているんですか？

そうなんです。厚生労働省が2022年におこなった国民生活基礎調査の「悩みやストレスの状況」によると，日常生活で悩みやストレスがあると答えた人は，**46.5％**に上りました。

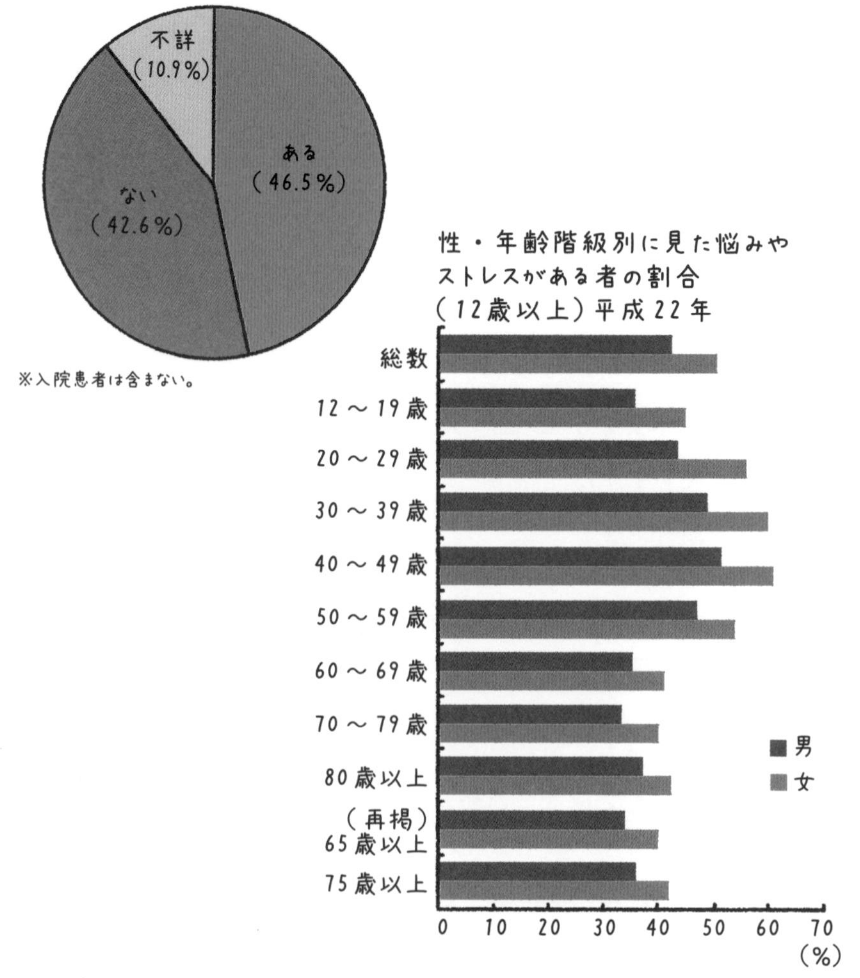

2022年の「国民生活基礎調査」によると，日常生活での悩みやストレスの有無を調査した結果，およそ半数の人が「ストレスがある」と回答した。詳細は厚生労働省のウェブサイト https://www.mhlw.go.jp/toukei/saikin/hw/k-tyosa/k-tyosa10/

本当だ。10代の子たちからお年寄りまで……。私だけではなくて，多くの人が，日ごろからストレスを抱えているんですねえ。

残念ながら，そのようですね。現代社会は**ストレス社会**ともいわれていて，ストレスを感じることは，もはや特別なことではないのです。

表を見てみると，男性よりも女性のほうがストレスを感じてる率が高いんですね。年齢別では，30歳代から40歳代が一番高いのか……。確かに，年齢が上がると責任も大きくなるし，家族ができたら養わないといけないし，ストレスはさらに大きくなりそうだなあ。

ストレスと自律神経は切っても切れない関係

2人に1人ってことは，通勤電車で乗り合わせるたくさんの人のほぼ半分がストレスを抱えているのか……。そう考えると，何だかちょっと「自分だけじゃないんだ」って気持ちになれました。
でも先生，今まで「ストレスがたまるわ～」なんて何気なく使っていましたけど，そもそもストレスとはどういうものなんですか？

そうですね。**ストレスとは本来，「外部からの刺激に対して物体に生じるゆがみ」を意味する言葉なんです。**もともとは物理学の用語なんですよ。

物理学からきてるんですか！　はじめて知りました。

そうなんですよ。私たちは強いストレス，たとえばあなたのように，大勢の人の前で話をするといった場面では，はげしく運動したわけではないのに体が重く感じられたり，その場から一刻も早く立ち去りたいという気分にかられたりしますよね。
そして，心臓がドキドキと高鳴ったり，呼吸が荒くなったりします。これは，ストレスによって血圧や心拍数が上がり，呼吸などが増えるためなんです。

なるほど，心と体が刺激を受けて，反応が出るわけですか。

その通りです。
外的な刺激を**ストレッサー（ストレス刺激）**といい，それによっておきる心身の反応のことを**ストレス反応**といいます。現在では，これらのプロセスを総合してストレスとよんでいます。
ストレス反応がおこるのは，外からの刺激に対する心や体の防衛反応と考えられているのですよ。

ポイント！

ストレスとは，「外部からの刺激に対して物体に生じるゆがみ」を意味する言葉。
現在は，外的な刺激（ストレッサー）から，心身の反応（ストレス反応）へのプロセス全体を合わせてストレスとよぶ。

そして，この反応と切っても切れない関係にあるのが，**自律神経**です。

自律神経って，すごくよく聞きます。
「自律神経失調症」とかいいますよね。でも「ストレス」と同じく，よく聞く割にはどういうものなのかわかってないかも……。

自律神経というのは，さまざまな状況に応じて，体内の状態を安定に保つための，体のしくみ（システム）の一つです。
たとえば，私たちの体は，血圧や心拍，体温などが，意識しなくても常に一定の範囲内に維持されています。これは，自律神経のはたらきのおかげなんですよ。

そうだったんですね。知りませんでした。

自律神経には，**交感神経**と**副交感神経**があります。
前者は体を活動させるアクセルの役割を，後者は体を休息させるブレーキの役割を果たしています。
たとえば，危険を察知して生命の危険を感じるような場合は，体がより活動しやすくなるように，交感神経のはたらきが優位となり，戦闘モードになります。反対に，そうではない場合は副交感神経のはたらきが優位になり，休息モードになります。

まったく逆なんですね。

そうなんです。
ですから，大勢の前でプレゼンをするといった，極度の緊張を感じる場面では，交感神経がはたらき，心臓の拍動を早め，血管をより収縮させます。すると，筋肉にはより多くの血液が送られ，そのおかげでより機敏な動きが可能になります。つまり，戦闘モードになるわけです。

へええ～！　面白い。
心臓がドキドキしたり，呼吸が荒くなったりするのは，ストレスで交感神経が刺激されて，戦闘モードに入るから，というわけですか。

その通りです。そして，**自律神経というシステムでは，この交感神経と副交感神経のバランスがとれていることが大切なんですよ。**

ポイント！

自律神経

さまざまな状況に応じて，意識しなくとも体内の状態を安定的に保つための，体のしくみの一つ。
交感神経（体を活動させる役割）と副交感神経（体を休息させる役割）の二つが自律的にバランスをとってはたらいている。

生きていくためにはストレスも必要!?

先生，でも結局は，ストレスがないことが一番ではないですか!?　ストレスをまったく感じないようにならないものなんでしょうか？

ハハハ，そうですね。でも，生きている以上，ストレスをゼロにすることは不可能でしょうね。
しかし，正反対のはたらきをする交感神経と副交感神経のシステムを見ると，「生体がストレスをシグナルとみなして機能している」と考えることもできます。つまり，**「ストレスはすべて悪いもの」ではなく，「適度なストレスは生きていくために必要なものだ」ともいえるのです。**

生きていくためにストレスが必要!?

そんなこと，あるわけありません！

それでは具体例となる研究を紹介しましょう。アメリカの心理学者**ロバート・ヤーキーズ**と**ジョン・ドッドソン**は，マウスの実験によって，**「適度な電気刺激をあたえると学習をうながし，正答率を高める。学習効果は刺激が弱すぎても高すぎても低くなる」**ということを発見しました。

つまり，電気刺激という不快なストレスを受けたマウスのほうが，学習がうながされ，正答率が上がったのです。

そうなんですか？

この理論は**ヤーキーズ・ドットソンの法則**として，勉強や仕事，スポーツなどのパフォーマンスにも当てはめられています。

責任やプレッシャー，上司やコーチからの叱咤激励など，適度なストレスがあることでモチベーションが上がるとされています。

ポイント！

ヤーキーズ・ドッドソンの法則

適度な電気刺激をあたえると学習をうながし，正答率を高める。学習効果は刺激が弱すぎても高すぎても低くなる。

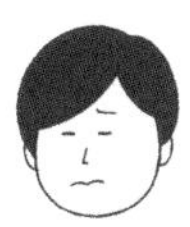

でも，あまりストレスが大きいと，くじけそうです。

そうですよね。非常に荷が重い課題に取り組む際には，できるだけリラックスして取り組むほうがよい結果になる，とされているんです。

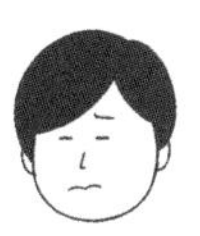

うーむ。リラックスですか……。

とはいえ，モチベーションにつながる最適なストレスには，大きな**個人差**があります。
たとえば，第一志望の学校に合格したとき，「楽しみだ。頑張るぞ」と期待に胸が高まる人がいる一方で，「勉強についていけるだろうか」と不安感を抱く人もいますよね？

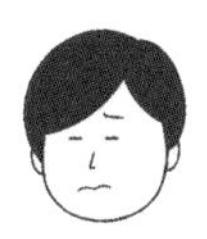

私の場合，圧倒的に後者です。

ストレスに対応する能力は**ストレス耐性**とよばれ，遺伝的な素因や育った環境が関与しているとされます。
自分のストレス耐性をこえる大きなストレスを受けると，自律神経の機能が不具合をきたし，**自律神経失調症**，**心的外傷ストレス障害（PTSD）**，**うつ病**，**アルコール依存症**などの病気につながることもありえます。

そういうことですか……。ある程度のストレスはモチベーションになるけれども，度をこえたストレスは，心身を壊してしまう危険性があるわけですね。

その通りなのです。

自律神経があるから私たちは生きていける

ストレスに対する防衛反応が自律神経によってもたらされるのはわかりました。先ほど，「血圧や心拍，体温などが，常に一定の範囲内に維持されているのは自律神経のはたらきのおかげ」というお話がありましたけど，自律神経って，実はすごく重要なものなんですね。

その通りです。自律神経は，人の生死の判定にもかかわっているんですよ。

生死の判定？ どういうことでしょうか？

たとえば，病気や事故などの原因で脳が大きなダメージを受け，脳のすべての機能が元に戻らず，停止した状態になってしまうことがあります。つまり「脳死」という状態ですね。

現在，脳死が人間の死ということは，法的にも一般的にもある程度受け入れられています※1。しかし1980～1990年代にかけて，脳死が人間の死かどうかということは，まだ世界的に議論されていました。

当時，「脳死」が人間の死か，「心臓死」が人間の死かということは，世論を分断するほど大きな問題だったのです。

むずかしい問題ですよね。心臓が止まってしまったら即，死だと思ってしまいますけど……。

※1：日本では1997年の臓器移植法施行により，臓器移植を前提とした脳死は人の死であるとされた。

そうですね。心臓死は，脳を含め，心臓，肺などすべての身体機能が停止した状態をいいます。ですから，心臓死がいわゆる死にあたります。

でも先生，脳死も心臓死といえるのではないのですか？　だって脳は，心臓も含めて体中に命令を出している司令塔でしょう？　その司令塔が死んでしまうのだから，脳死こそが死といえそうな気もします。

お，するどいですね。
実は脳死イコール心臓死とならないのには，自律神経が大きくかかわっているのです。

えっ？　どういうことですか？

脳が大きなダメージを受け，その機能の一部あるいはほぼすべてが停止して植物状態・脳死状態※2になっても，栄養を摂取したり，人工呼吸器をつけるなど呼吸を助ける環境が整っていれば，自律神経をはじめとする身体のはたらきによって，血流や血圧，心臓や肺そのほかの内臓の機能は保たれて，体自体は生き続けることができるのです。
そして循環や呼吸をはじめとする身体の自律機能が止まるとき，肉体的な死をむかえます（＝心臓死）。

自律神経そのものは，はたらき続けるわけですか……！

実際に，アメリカで，植物状態におちいった女性が，その後9年間生き続けた事例があります。

※2：脳死は，呼吸・循環器の調整など生命維持をつかさどる脳幹を含む脳のすべての機能が停止し，回復の見込みがない状態。植物状態は少なくとも脳幹の機能は残っていて，自発呼吸できることも多く回復する可能性がある。

1975年4月，アメリカのニュージャージー州で，当時21歳のカレン・アン・クインランさんが，友人のパーティーでお酒と精神安定剤を飲んだあと意識を失い，呼吸が止まった状態で発見されました。

すでに呼吸が止まっていたのですか。

はい。さいわい一命をとりとめたものの，長時間呼吸が止まっていたために脳が損傷を受け，意思による反応のない植物状態となってしまいました。
人工呼吸器をつけていましたが，体温，脈拍など彼女の身体の状態は正常でした。

助かったとはいえ，植物状態だなんて，ご家族はさぞ悲しんだでしょうね。

ええ。その後，娘の尊厳を求める両親の訴えと裁判所の判断により，人工呼吸器は外されました。
しかし自発的な呼吸が復活し，それから9年間にわたって植物状態のまま生き続けたのです。

ええっ！　9年間もその状態で生き続けたんですか！

カレンさんのように，内臓器官に異常がなく，栄養摂取・呼吸ができる環境のもとで，自律神経などによる身体の自律機能が維持されていれば，植物状態でも，長い例で十数年にわたって生き続けることができます。

自律神経って，すごい……。

通常の私たちの身体に立ちかえって見てみても，自律神経が1日24時間休むことなくはたらいているおかげで，私たちの自律機能は維持され，日々を生きることができているのです。

現代社会と自律神経

先生，自律神経がいかに生命維持にかかわっているかがよくわかりました。ということは，自律神経をバランスよく保つって，健康を維持するうえでは大事なことなんですね。

そうなんです。しかし，自律神経の不調でおこる「自律神経失調症」と診断された人は，日本では1年間におよそ**65万人**，潜在的な患者はその**10倍**にのぼると推定されています。

そんなにたくさんの人が!?

はい。
自律神経失調症の症状としては，**慢性疲労**，**不眠**，**頭痛やめまい**，**手足の冷え**，**食欲不振**，**下痢**などがあります。
日本人の約20人に1人が，自律神経による調整機能にかかわるこうした不調を抱えていることになります。

命に直接かかわる症状ではないとはいえ，日常的にこんな不調をかかえていたらしんどいですよ。
それにしても多いですね。

そうですよね。患者数の多さについて一ついえるのは，だるい，眠れないといった症状を医者に訴えても，検査などで具体的な病気が見つからなければ**「病気ではありません。気のせいでしょう」**と片付けられていたということがあります。

病気として診断されなかったんですね。

そうなんです。しかし，そのような訴えに対して「自律神経失調症」と診断されることもあります。
ただ，**「自律神経失調症」は病名ではなく，原因がわからないが自律神経と関連するような症状がある状態をまとめてそのようによんでいるのです。**

なるほど。現在は，具体的な病気がなくても，少しは「自律神経失調症」としてカウントされるようになってきたわけなんですね。
でも，これだけ多くの人が不調を感じているなんて，びっくりです。何か原因はあるんですか？

多くの人が自律神経失調症に悩まされているもう一つの原因が，やはり**現代社会が多くのストレス刺激にさらされやすい**ということがあげられます。
そもそもヒトに限らず，どんな動物もストレスを感じます。たとえば，クマやライオンは，自分の仲間以外の動物がテリトリーに入ってくれば警戒し，威嚇しますよね。

そうですね。ペットの犬だって，見知らぬ人が近づけば，はげしく吠えます。

つまり，見知らぬ他者と出くわすというのは，そもそも動物にとって大きなストレスなのです。
このようなとき，先ほどお話ししたように，交感神経が体を戦闘モードにし，危機や脅威に備えます。

なるほど。息が荒くなったり，心臓の鼓動がはげしくなったりするんですね。

これを人間という動物におきかえてみると，現代社会，特に都会では，毎朝**通勤ラッシュ**で多くの他者とせまい車内で密着して通勤することは，日常の光景となっています。

なるほど！　通勤電車に乗るだけでも，私たちはストレスを感じているんですね。

そして会社に着けば，職種によっては，体を動かすことなく，パソコンの明るい画面を見つめ続けることになります。

ふむふむ。

パソコンやスマートフォンの画面から出る光に含まれるブルーライトは，交感神経を刺激させることが知られています。
すなわち，交感神経を興奮させる場面が，現代社会では日常化しているといえるでしょう。
現代人は，「無意識のうちに，戦闘モードでい続けることを強いられている」のかもしれません。

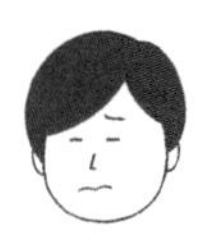

うーむ。戦闘状態って，非常事態ですよね。それなのに現代社会は，その非常事態が日常化していることになりますね。

そうですね。つきつめて考えるなら，「交感神経を刺激し続けることで発展してきたのが現代社会」ともいえるかもしれません。

現代社会は，自律神経を刺激するものであふれている

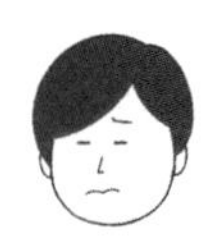

現代社会の発展が，交感神経を酷使させて成しとげられたなんて……。

人類は，太古の昔から，数百万年かけて自然がもたらす外部環境の変化に適応してきました。その中で，体の恒常性を維持するために，自律神経などの心身のシステムを進化させてきたわけです。

自律神経は，何百万年もの時間をかけて，その時々の環境に対応しながら現在の形になったわけなんですね。

そうです。しかしここ数十年，社会の変化や科学技術，情報技術の進歩によって，人間が生きる環境は大きく変わってきました。現代社会は，自律神経に大きな影響をあたえるものであふれているのです。
たとえば，あなたも**スマホ**や**パソコン**を日常的に使っているでしょう？

はい。仕事のほかにも，YouTubeを見たり，LINEで友だちと話したりするなど，さまざまな場面で活用しています。もはや手放すことはできないですね。

そうでしょう。私たちの脳には，**松果体**という部分があり，ここで**メラトニン**という睡眠ホルモンがつくられることによって，睡眠がうながされます。日中は，光を浴びることで交感神経が刺激され，それが松果体に伝わることによってメラトニンの分泌が抑えられています。つまり，私たちは昼間は光を浴びることで眠くならずに活動することができるんですね。

なるほど。

先ほど少し触れましたがスマホやパソコンの画面から出る光には，ブルーライトという光が含まれます。ブルーライトは，可視光の中でも紫外線と同じくらいの強いエネルギーをもっていて，それが目の奥に届き，交感神経を刺激したり，メラトニンの分泌を抑えたりしてしまうんですね。

あっ！　寝る前なのに，日中と同じような状態になってしまうんですね！

その通りです。さらに，スマホやパソコンの画面に集中していると，脳はひっきりなしに**情報処理**をするため，交感神経の活動が活発になります。
同時に，近くの画面を見ようとすることで，目のレンズの厚みを調整する副交感神経のはたらきも高まった状態が続きます。

うわ～。なんかフル稼働状態になるんですね。聞いただけで疲れてきます。

そうでしょう。
スマホやパソコンの過度な使用は，脳と交感神経の興奮が続くとともに，目の副交感神経を過度に活動させることになるので，バランスをとろうとする自律神経に大きな負荷をもたらすことになると考えられているのです。

確かに，寝てるときにスマホを見てると，疲れているのに目がバキバキにさえてくることがありますね。
自律神経にめちゃくちゃ負担がかかっていたのか……。

それから，現代の**食生活**も自律神経に影響していると考えられています。
最近の研究によって，**腸内環境**が**腸管神経系**に影響をあたえることが明らかになってきたのです。

腸管神経系？

腸管神経系は，一言でいえば腸にある自律神経のことです。つまり，腸内の環境が，腸管神経系という自律神経を介して脳に影響をおよぼしているというわけなんです。

腸が脳に影響をあたえる？
そんなことがあるんですか？

はい。腸内にいる多種多様な細菌の集団のことを**腸内細菌叢（腸内フローラ）**といいます。
この腸内細菌叢の多様性を保つことが，血流をよくし，自律神経を整え，免疫力の向上やメンタルヘルスにもつながってくると考えられているのです。
このように，脳と腸が自律神経を介して互いに影響し合う関係を，**脳腸相関**といわれることもあります。

そういえば最近，**腸活**って言葉よく聞きますね。腸内環境って，重要なものなんですね。

そうなんですよ。しかし現代社会は，**外食**や**ファーストフード**などで食生活が単調になったり，偏った食生活による食物繊維の不足などによって，腸内環境が悪化しやすくなっているとの指摘もあります。

なるほど。私もコンビニ弁当とかで済ますことが多いかも……。気をつけよう。

もう一つ，自律神経に影響をあたえているものとしては**薬**の多用もあるといわれています。

薬もですか？

薬自体がよくないというわけではありません。
近年では医療が発達し，さまざまな病気に対して，抗菌薬，風邪薬，睡眠薬，抗うつ剤，高血圧の薬など，多くの薬が開発されています。

そうですよね。

でも，神経伝達物質（神経細胞が，情報をやりとりするために分泌する物質）や，交感神経や副交感神経のはたらきを調整する薬も多く開発されているのです。
それらは神経細胞のあいだでおきる情報のやりとりに作用して症状を改善させますが，同時に，自律神経のシステム全体にも影響をあたえてしまうのです。

そうなんですか？

たとえば汗を止める薬を服用すると口が乾いたり，ぜんそくや膀胱を治療する薬で便秘がおこるなど，体のことなるところで**副作用**が出てしまうこともあるのです。
また，精神病薬や抗菌薬にも，自律神経に影響をおよぼすものがあります。たとえばある種の古く開発された抗うつ薬はうつ症状を改善させる効果は強いものの，同時に副交感神経を弱めるため，便秘や排尿障害をもたらす場合もあることが知られています。

う〜む。症状を直したくて飲んでいる薬が，自律神経に影響をあたえてしまうことがあるんですね。

また，抗菌薬の使用が腸内細菌叢の多様性を失わせ，ストレスに弱くなったり，うつ症状や不安症，アレルギーや腸の症状，認知機能の低下をもたらすといった影響が指摘されています。

そういえば，抗菌薬などは，標的である悪い細菌だけでなく，必要な善玉の細菌もやっつけてしまうといいますよね。

薬自体に悪気はないものの，残念ながらそうなることもあるのです。とくに高齢者はいくつもの病気を抱え，何種類もの薬を同時に使用することが多いですからね。
そうすると，ふらつきやうつ，便秘や排尿障害など，思いもよらない症状があらわれることがあります。

薬を服用するにも注意しないといけませんね。

それから，とても大きな変化として**気候変動**もありますね。
人間の活動によって，地球環境は大きく変わり，過去にないような異常気象がおきるようになってきました。

そうですね。ここ数年の猛暑は異常ですね。毎年，水害による災害がふえているし，猛暑による山火事も毎年のように報道されています。

気象庁の発表によると，2023年の夏（6～8月）の平均気温は，1946年の統計開始以降，北日本と東日本で1位，西日本では1位タイを記録しました。
また，2023年の平均気温偏差（各年の平均気温の基準値からの偏差）は，1898年の統計開始から＋1.76℃を記録しました。1898年の統計開始以来，最高差を記録したのは1990年の＋1℃でしたが，それをさらに上まわったわけです。
私たちは今，これまで体験したことがないような気温の上昇を体験しているのです。

そうですね。ここ数年，夏がおそろしくなってきました。熱中症で倒れる人も増えていますね。

その原因として，かつて経験したことがない気温に，自律神経による体温調整がついていけなくなっていることが考えられます。
平均気温は年々上昇し続けており，自分の体と自律神経をこれまで以上に守っていく必要があるといえるかもしれません。

私もなるべく**エアコン**の効いた部屋で過ごすようにしています。

ところが，そのエアコンも，自律神経に影響をあたえてしまうんです。
確かに気候変動による猛暑が続き，今はエアコンが生活に欠かせなくなりました。しかし，長い時間エアコンの中で過ごしていると，手足の冷えや肩こり，頭痛などの不調を感じる人も少なくありません。

ああ，確かに！　**冷房病**ですね。

そのようにいわれることもありますね。これは，長い時間エアコンの効いた室内で過ごしたり，気温差がある屋外と室内を行き来したりすることで負担が大きくなり，自律神経の調節機能が対応できなくなり，体温調節がうまくいかなくなるために引きおこされると考えられます。

スマホやパソコン，薬の多用に食生活，異常気象……。
現代はとても便利な時代ですが，一方で大きなストレスにさらされているんですね。

そうですね。
人はさまざまな技術を開発し，より便利で快適な環境を追求してきました。しかし，利便性や快適さと引きかえに，心身にとってストレスとなる要因をもたらしています。
現代社会では，体はストレスに対応するため，常に交感神経を興奮させ，生き抜こうとしているともいえるのです。

コロナ禍で私たちの生活は一変した

私たちの生活に甚大な影響をもたらした事例についてもお話ししましょう。
2020年はじめに発生した**新型コロナウイルス（COVID-19）**の世界的な感染は，人々の生活に大きな影響をもたらしました。

あの時期はつらかったですねえ。これまでの日常生活が一変してしまいましたから。

そうでしたね。集団感染を防止するために**3密**(密閉, 密集, 密接)を避け, 人と会う際は**マスク**をし, **ソーシャルディスタンス**を保つことが求められたことは, まだ記憶に新しいでしょう。

はい。仕事もリモートワークになって……。
当時大学生になったばかりの従兄弟なんて, オンライン授業で友だちもつくれないし, かわいそうでしたね。

そうですよね。それまで当たり前だった, 人と会う, 話をする, 同じ職場で仕事や勉強をする, 食事を一緒にするという, 人として基本的な社会生活が制限されるようになったわけです。**そして, 新型コロナウイルス自体による健康被害だけではなく, それによって生じた社会生活の変化がストレスとなり, 自律神経のはたらきにも影響をおよぼしていることが指摘されているのです。**

私のまわりにも, 原因のわからない体調不良を訴える同僚がいましたよ。**コロナ疲れ**, **自粛疲れ**とかいわれてましたね。

2021年に公表された**経済協力開発機構(OECD)**によるメンタルヘルスに関する国際調査の結果によると, うつ症状を有する日本人の割合は, コロナ禍前の2013年には7.9%であったのが, コロナ禍がはじまった2020年には17.3%と, **2.2倍**も増加していたのです。

うつ症状のある人が2倍以上に！

はい。また，日本だけでなく，アメリカも2019年比で**3.6倍**，イギリスでも**2倍**と，新型コロナの自粛要請（ロックダウン）などの外出制限，経済的，社会的不安が，メンタルヘルスに深刻な影響をもたらしていることがわかりました。
特に若い世代や失業者など，経済的に不安定な人でこの傾向が強いことが報告されています。

そんなことになっていたとは……。

また，うつ症状だけではなく，2009年以降は減少傾向が続いていた**自殺者数**も，コロナ禍が始まった2020年に増加に転じ，2022年まで増加傾向が続いています。特に2020年に女性の自殺者が増加していることがわかりました。

新型コロナウイルスって，そういった部分でも人の命を奪っていたんですね……。でも，どうしてそんなことになってしまったんだろう？

人は，ある種の脳内物質のはたらきによって，不安感が抑えられ，精神が安定的に保たれていると考えられています。
不安感に関連する物質には，**セロトニン**，**ドーパミン**，**オキシトシン**などがあります。

特にオキシトシンは，母子間をはじめ，家族団らん，友人とのふれあいなどのスキンシップではたらく物質で，不安や恐怖心をやわらげ，社交性を高めることに関与していると考えられています。

家族や親友と一緒に過ごすと，楽しくて癒されますもんね。あれはオキシトシンのおかげだったのか。

しかしコロナ禍の外出自粛やソーシャルディスタンスによって人との直接のふれあいが減ったことで，オキシトシンの生成が妨げられ，これがうつ症状や自殺の要因の一つになったと見られています。

なるほど……。

また，セロトニンはストレスを軽減し，精神を安定させるはたらきと関連があり，ドーパミンはやる気をおこす際にも関連する脳内物質です。しかし，セロトニンの90％，ドーパミンの60％は腸などの消化管でつくられるんです。

先ほどお話ししたように，脳と腸は脳腸相関でつながっていますから，コロナ禍によるストレスによって腸内環境が悪化すると，これらの物質の生成にも影響が出る可能性があります。さらに，脳が腸内環境の悪化の影響を受け，脳内も何らかの影響を受ける可能性も指摘されているわけです。

うわあ～。負のスパイラルにおちいってしまいますね。自粛生活って，想像以上のストレスだったんですね。

そうだったのかもしれないんですね。自粛生活は，メンタルヘルスの低下や心身の不調，ストレスや運動不足，食生活の変化など，生活習慣に大きな影響をあたえたと考えられています。

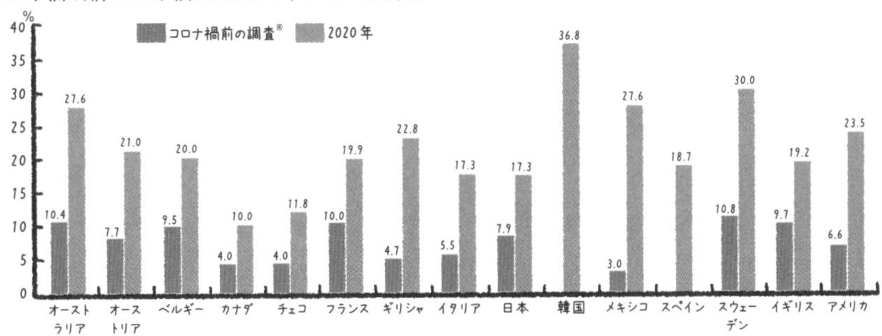

各国のコロナ禍以前とコロナ禍（2020年）におけるうつ病もしくはうつ症状を呈する人の割合（2021年に経済協力開発機構[OECD]が公表したメンタルヘルスに関する国際調査による）
※コロナ禍前の調査は国によって調査年がことなる
出典：OECD, "Tackling the mental health impact of the COVID-19 crisis: An integrated, whole-of-society response," 2021より一部改変

先生，それから，**コロナの後遺症**で苦しむ人も多いと聞きます。これも自律神経と関係しているんですか？

たとえば今，免疫の異常で自律神経が攻撃される自己免疫の病気，**自己免疫性自律神経節障害（AAG）**という存在も提案されています。
この病気は，めまいや動悸，起立不耐（立っていられないこと）といった自律神経症状が約90％の人にみられるほか，便秘や排尿障害，思考力低下，抑うつ傾向などの症状がみられるとされます。
これは，本来ならば体内に入ったウイルスなどの異物に対してつくられる抗体が，自己抗体といって，自分の体に対する抗体としてつくられてしまい，それが自律神経のはたらきを乱すためだと考えられていますが，診断基準や治療法はまだ確立されていません。

自分で自分の体を攻撃してしまうというわけですか……。こわいですね。しかも治療法がないのはつらいですね。

そうなんです。そしてこの症状が，コロナ後遺症でみられる**思考力低下（ブレインフォグ，Brain fog）**の症状と非常によく似ていることも指摘されているのです。
AAGは，その1〜2割がウイルス感染をきっかけに発症することが知られています。
ウイルス感染によって免疫がはたらき，ウイルスではなく，自律神経が集まる**神経節**というところに対して，自己抗体が生じてしまい，それが自律神経節を攻撃することで，起立性低血圧や発汗低下，排尿障害といった幅広い自律神経障害がおきているのではないかと考えられています。

ということは，コロナウイルスに感染したことで，同じことがおきたということなのですか。

そうかもしれないんです。まだわかっていないことも多いのですが，新型コロナウィルス感染症によっても自律神経に対する自己抗体が生じることが報告されており，コロナ後遺症もAAGと同様のしくみで自律神経障害が発症している可能性が指摘されているのです。
そのため，AAGの診断基準の策定と治療法の開発が，コロナ後遺症の治療にもつながることが期待されており，厚生労働省の研究チームが発足して，研究が進められています。

そうなんですね！
一刻も早く，治療法が確立されるといいですね。
先生，ストレスと自律神経のしくみについて少しお聞きしただけで，気のせいか胃の痛みが落ち着いた気がします。
ストレスの原因や体のしくみについて知ることができれば，もっとストレスを感じずに過ごせそうです。

おっ，それはよかったですね。ではストレスと自律神経について，もっとくわしくお話ししていきましょうか。

よろしくお願いします！

1 時間目

ストレスとは何か

STEP 1

ストレスはなぜ発生する？

現代人のほぼ半数が感じているという「ストレス」。そもそもストレスとは何なのでしょうか？　ここでは，ストレスの本質にせまっていきましょう。

ストレスとは何か

0時間目で，ストレスと自律神経について，ざっくりとお話ししました。ここからは，ストレス，自律神経，そして両者の関係について，くわしく見ていきましょう。

現代社会はストレス社会なのですよね……。こんな時代を生き抜くためにも，ぜひ知っておきたいです。
先生，よろしくお願いします！

それではまず，そもそもストレスは何か，というところからあらためてお話ししましょう。
「ストレスを感じる」や「ストレスがたまる」など，「ストレス」という言葉は，日常で何気なく使う言葉になっていますよね。
そして，そのストレスという言葉は，もともと「外部からの刺激に対して物体に生じるゆがみ」を意味する，物理学の用語だとお話ししました。

そうそう，意外でした。

物理学用語としてのストレスを生体にあてはめてつかいはじめたのは，カナダの医学者**ハンス・セリエ**（1907〜1982）や，アメリカの生理学者**ウォルター・キャノン**（1871〜1945）らで，1930年代のことでした。
セリエは，ラットに電気ショックをあたえたり，せまい場所に閉じこめたりすることで，胃腸の荒れなどの共通した症状があらわれることを発見したのです。

私たちもストレスを感じると胃が痛くなったり，ひどいときは胃潰瘍になったりしますもんね。実験につかわれたラットはたまったものじゃないですが……。

そうですね。そしてセリエは，この共通した症状の原因となる物理的・精神的な刺激を**ストレッサー（ストレス刺激）**，身体に生じるさまざまな症状を**ストレス反応**と名づけました。ですから，「ストレスで肩がこる」など，私たちがふだんつかうストレスという言葉には，「ストレッサー（ストレス刺激）」と「ストレス反応」の両方のプロセスが含まれているのです。

刺激をあたえるものと，刺激を受けた側の反応の二つを合わせたプロセスをストレスというわけですね。

その通りです。
ストレスの源となるのは，温度や光などの**物理的ストレス**，匂いなどの**化学的ストレス**，病気などの**生物的ストレス**，人間関係の悩みなどの**心理・社会的ストレス**と，実に多様です。

ポイント!

ストレッサー（ストレス刺激）

心身にあらわれる症状の原因となる刺激のこと。

物理的ストレス：寒冷や放射線など。
化学的ストレス：化学物質や酵素など。
生物的ストレス：感染や炎症など。
心理的ストレス：人間関係の悩みなど。

ストレス反応

ストレッサーの刺激によって引きおこされるさまざまな症状のこと。肩がこる，胃が荒れるなど。

↓

これら二つを合わせたプロセスをストレスとよぶ。

とらえ方によってはすべての出来事がストレスになる

それにしても，ストレスがこれだけ多様だったら，日常生活のほぼ全部が何かしらのストレスにあてはまってしまいそうですね。

そうですね。次の表は，アメリカの精神科医**トーマス・ホームズ**と**リチャード・レイ**が，日常生活で心理的ストレスを感じる原因（ストレッサー）を調査し，数値化したものです。

日常生活でストレスを感じる原因とストレスの強さ

出来事	ストレスの強さ	出来事	ストレスの強さ
配偶者の死	100	子どもが家を出る	29
離婚	73	親せきとのトラブル	29
別居	65	顕著な個人的業績	28
服役	63	配偶者が仕事をはじめる（やめる）	26
近親者の死	63	入学・卒業	26
自分の怪我や病気	53	生活状況の変化	25
結婚	50	個人的な習慣を変える	24
解雇	47	上司とのトラブル	23
夫婦間の和解（調停）	45	就業時間や職場環境の変化	20
定年退職	45	住居の変化	20
家族の健康の変化	44	学校の変化	20
妊娠	40	レクリエーション習慣の変化	19
性的問題	39	宗教活動の変化	19
新しい家族	39	社会活動の変化	18
ビジネスの立て直し	39	1万ドル以下の抵当またはローン	17
経済状態の変化	38	睡眠の習慣の変化	16
親友の死	37	家族の集まりの回数の変化	15
ことなった種類の仕事への移行	36	食習慣の変化	15
夫婦げんかの回数の変化	35	休暇	13
1万ドルをこえる抵当またはローン	31	クリスマスシーズン	12
抵当流れやローンの拒否	30	ささいな法律違反	11
職責の変化	29		

出典：Holmes TH, Rahe RH, "The Social Readjustment Rating Scale." J Psychosom Res. 11(2):213 8, 1967.

配偶者の死とか，やっぱり悲しい出来事が数値が高いのですね……。
ん？　先生!?　よく見ると，結婚とか休暇とかクリスマスとかが入ってますよ？　クリスマスはわからないでもないですが……，休暇がストレスになるってどういうことでしょう!?

ストレスと聞くと悪いものばかりが浮かびますよね。しかしこの表からわかるように，結婚や休暇といった一見ポジティブな出来事も，ストレスになる場合があるんです。

そうなんですか？　結婚がストレスになるなんて，いやだなあ……。
結局ストレスって，いいことか悪いことかは関係なく，私たちはどんな出来事もストレスとなりうるということなんですね。

その通りです。**人によってストレスの感じ方（反応）はことなり，たとえ同じ刺激を受けても，ストレスの感じ方は人それぞれなのです。**

物理的・科学的に不快なものとか，緊張といった心理的・精神的ストレスはわかるんですが，どうして喜ばしいことでもストレスを感じてしまうんでしょう？
それに，同じものでも個々人で感じ方がことなるなんて，不思議です。
なぜそんなちがいが出てくるんでしょう？

それでは，脳の話から説明してみましょう。その個々人のちがいには，脳の**扁桃体**という部分が関係していることがわかっています。ここが過敏に反応する人としない人とで，ストレスの感じ方にちがいがあらわれると想定されているのです。

へんとうたい？

はい。ヒトの脳がもつ高度な機能の中に，**記憶**と**感情**の二つがあります。扁桃体は，ヒトのさまざまな感情に関する反応や記憶にかかわっている器官なんです。

へええ〜。確かに，感情に深くかかわっている器官が活発にはたらくほど，ストレスにも敏感そうですね。

その通りです。そして，**ストレスの感じ方は，その人の記憶に大きく左右されるといわれているのです。**

ストレスは，記憶に左右される？

ええ。たとえば，あなたは学生時代，試験期間が近づくとストレスを感じませんでしたか？

はい！　モヤモヤして，落ち着かなくなりましたねえ。

それはつまり，試験勉強のつらさを覚えているからです。**ストレスの原因となる出来事がおこると，私たちは記憶からそのストレスの強さを無意識でも判断しているのです。**

ということは，プレゼンがストレスなのは，過去に大勢の前でいやな思いをした記憶があるせい，といえるわけですか。じゃあ逆に，たとえば過去に，人前で話して常に拍手喝采しか受けた記憶がない人は，プレゼンなんかちっともストレスに感じない，というわけですね。

そういうことになりますね。

面白いですね。じゃあ，休暇をストレスに感じる人は，休暇にあまりいい記憶がないというわけなんですね。なるほど……。

ポイント！

- ストレスの感じ方は，扁桃体のはたらきにかかわる。
- ストレスの感じ方は個々人の「記憶」による。
- ストレスの原因となる出来事がおこると，私たちは記憶からそのストレスの強さを無意識でも判断している。

“早とちり”が強いストレスを生むこともある

私は人間関係や仕事などでストレスを感じやすいのですが，たとえばそうしたストレスを感じないようにする“方法”のようなものはないのでしょうか？

おおっ，いきなり本題に入りましたね。それに答えるにはまず，私たちが日々，どのような行動をして生活しているかを考えてみましょう。

どのような行動をしているのか，ですか？　何だろう，朝起きて，顔洗って……とか。でもそんな行動，行動としていちいち意識したことがないですね。

そうですよね。私たちはふだん，意識せずに状況を判断し続けています。

ふだんおこなっている，意識されない状況判断も含めた過程のことを，**認知**といいます。

認知，という言葉はいろいろな場面で聞いたことありますけど……。意識しているときだけでなく，無意識に状況判断していることも含めて認知というんですね。

はい。私たちは，視覚や聴覚など，**五感**を通じて得たさまざまな情報をもとに，瞬間的に物事を判断しています。

なるほど。

しかしときには，情報処理に失敗して，論理的に誤った結論をみちびいてしまうことがあります。

無意識のうちにまちがえることもあるのか。ふむふむ。

ええ。こうした論理的な誤りに気がつかないまま判断し，行動してしまうと，問題に適切に対処できません。すると，強いストレスになりうるのです。

なるほど。判断ミスしているのに，気づかずに進んでしまったら，ほころびが出ますよね。
でも，なぜ情報処理に失敗するんでしょう？

それは，最初の情報が限られていることが原因のほとんどだと考えられています。
たとえば，仕事を早々と切り上げて退社する同僚や上司がいたとします。それを見て，「自分ばかりが大量の仕事を押しつけられている」と考え，ストレスになったとしましょう。

ああ，まあ，たまにというかしょっちゅうありますね。

しかし，これは「目の前で同僚が早く帰宅している」という限られた情報だけですよね。ですから，「自分ばっかり」というストレスは，その端的な情報から，瞬間的に誤った判断をした＝**認知のゆがみ**から発した結果といえます。

なるほど。

たとえば，「その同僚は体調が悪い」とか「その日早く帰宅するために，前日は遅くまで残業をしていた」とか「上司は別な商談に向かうために仕事を早く切り上げた」といった情報があれば，「自分ばっかり……」といった判断に至らず，強いストレスにはなりにくいかもしれませんよね。

確かに！

このように，**ストレスを強くしてしまう原因となる，瞬間的な判断の誤り（認知のゆがみ）は，情報をおぎなうことで解消できることもあるわけです。**ストレスを感じた際は，情報をきちんと集めて，その情報をあらためて判断することができれば，ストレスを感じても適切に対処できることが多いのです。

認知のゆがみは正すことができるわけですね。

そうです。今の例は「思い込み・決めつけ」といった瞬間的な判断ミス（認知のゆがみ）といえます。
ほかにも，無意識のうちに「絶対…」，「…すべき」などという断定的な言葉をつかっているときも，情報をうまく処理できず，“認知がゆがむ”可能性があるといえます。

こわいなあ。気をつけないといけませんね。

次のページに，瞬間的な判断ミス（認知のゆがみ）の代表的な例をあげました。

うわ，こんなにたくさんあるんですか。

どれも一度に複数のミスがおきるのが一般的です。どんな思考も，瞬間的な判断として正しいときもあれば，誤っているときもあります。限られた情報をもとにしたゆがんだ認知にしばられて極端な判断になってしまうと，その刺激から反応へのプロセスが修飾されて強いストレスになってしまいます。

ストレスを強くしないようにするには，早とちりをせずに，情報をしっかり吟味することが大事なんですね！

瞬間的に生じる，6種類の思考の特徴

思い込み・決めつけ	白黒思考	べき思考
根拠が不十分なのに自分の考えを疑わず，相手の意見を聞かなくなってしまう思考。この思考にしばられると，思考が飛躍したり，物事の拡大解釈につながり，強いストレスを感じてしまう。	限られた情報からは判断できないような出来事に対しても，あいまいな状態に耐えられずにAかBかはっきりさせようとしてしまう思考。この思考がまちがっていると，ストレスを感じてしまう。	「常に整理整頓しておくべき」などと，ルールを強く意識したり，「こうすべきだった」などと，過去について考えたりしてしまう思考。極端になると，ストレスを感じてしまう。
自己批判	**深読み**	**先読み**
あらゆる出来事に対して自分に責任があると考えてしまう思考。自分で制御できないことに対しても責任を感じるほど極端になると，強いストレスの原因になる。	根拠もなく相手の気持ちを一方的に決めつけてしまうような思考。実際にその考えが正しいかどうかはわからないため，その考えだけにしばられてしまうと，大きな誤解やストレスの原因になる。	将来に悲観的になり，勝手に自分の行動や考えを制限してしまうような思考。この思考にしばられてしまうと，心配ばかりしている状況にストレスを感じる悪循環におちいる。

「不安」は“事前の”ストレス!?

先生，ネガティブなことだけではなくて，一見ポジティブに見える出来事にもストレスを感じるということは，ストレスっていわば，ありとあらゆる**変化**のことといえるんじゃないですか？

おお！　いいところに気がつきましたね。
まさにおっしゃる通りで，**日常の物事が，ある状態から別の状態に変化したときに，私たちの脳は変化を刺激としてとらえて反応します。この脳の反応が，ストレスとなるのです。**

ふっ，やっぱりそうですか。

そして，その刺激に対する脳の反応，つまりストレスの程度は，人それぞれの刺激に対する耐性や感じ方の差，あるいはその人が置かれた環境などの状況によって変わってきます。
このように，ストレスの場合は，その原因が比較的容易に特定できるともいえます。

なるほど。どんな刺激を受けたかということですね。

一方で私たちは，まだおきていないことを予想し，それがおきる可能性に対して**不安**を感じることがありますね。たとえば，飛行機が落ちるかもしれないとか，上司に怒られるかもしれないといったことです。

ああ，よくありますね。心配しすぎて胃が痛くなるとか……。でもこの場合，実際に刺激を受けているわけではないですね。

そうです。つまり，**脳がもたらす脅威の予測に対して，ストレスを感じるのが「不安」なのです。**
いいかえれば，不安は，これからおきるかもしれない脅威に対して体が防御反応を示す**事前のストレス状態**ということができます。

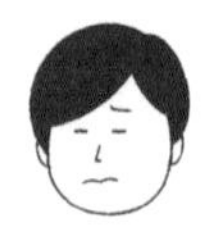

「不安」もしょっちゅう何気なくつかう言葉ですけど，おきてもいないことに対してストレスを感じ続けている状態が不安の正体というわけですか。何だか，ストレスよりもつらい感じがしないでもないです。

そうですね。そもそもストレスは，今そこでおきていることに対する反応なので，特定の原因があります。
ところが不安は，まだおきてもいない未来の出来事への反応なので，原因はあいまいで，はっきりとわからない場合も多いのです。

よけいにつらいですね。でも，不安に感じる原因みたいなものはあるわけでしょう？

そうはっきりともいえないんです。なぜなら，不安は個人が抱く感情がもたらすので，その不安に対する客観的な理由はない場合もあり，感じ方も人それぞれだからです。そのため，不安な気持ちに関連する脅威や危険は，特定できないことも多いのです。

むずかしいですね。結局，ストレスと不安はどうちがうんですか？

ストレスは特定のストレス刺激という「外部要因」によって生じることが多いのに対して，不安は事前の脅威の予測という自身による「内部要因」によって引きおこされることが多いといえます。
そして，強いストレスとなる場合は，そのストレスの源を取り除くことができれば問題が解決することが多いかもしれませんが，私たちの心から生じる不安を完全に取り除くことはなかなかむずかしいのです。

ますますつらい！

ポイント！

ストレス……「外部要因」によって生じる。
不安……「内部要因」によって生じる。

ストレスはその原因となる要素を取り除くことができれば解決できるが，不安は完全に取り除くことはむずかしい。

「孤独」がもたらすストレスは体にもおよぶ

不安って，ストレスとはまた少しことなるものなんですね。内部から生じるものって，ちょっとつらいものがありますね……。

そうですね。もう一つ，不安とよく似た感情についてもお話ししましょう。
あなたは**孤独**を感じることはありますか？

孤独ですか……。そうですね，ふだんはあまり感じませんけど，寝る前とか，日常生活の中で一瞬「さびしいな」と感じることはあります。

政府は毎年，**孤独・孤立の実態把握に関する全国調査**を実施しています。
この調査は全国の満16歳以上の約2万人を対象におこなわれ，令和4年度の調査では，このうち56％にあたる1万1219人から回答が得られました（有効回答は1万1218）。

そんな調査がおこなわれていたんですか。どれくらいの人が孤独を感じているんだろう。

この調査のうち，「あなたはどの程度，孤独であると感じることがありますか」という質問に対し，「1決してない」「2ほとんどない」「3たまにある」「4ときどきある」「5しばしばある・常にある」の5項目で回答する直接質問では，「3たまにある」「4ときどきある」「5しばしばある・常にある」と回答した人の割合は，合計**40.3%**となりました。

ということは，回答していない人を含めても，少なくとも4人に1人は「孤独感がある」と回答したことになりますね。

そうです。また，年代別に見ると，その割合は20〜29歳が**47.9%**と，最も高い傾向にありました。

	しばしばある・常にある	ときどきある	たまにある	ほとんどない	決してない	無回答
全体（11,218）	4.9	15.8	19.6	40.6	18.4	0.6
16〜19歳（324）	5.2	17.3	15.4	33.6	28.4	-
20〜29歳（890）	7.1	19.9	20.9	31.2	20.9	-
30〜39歳（1,232）	7.2	19.2	19.5	35.0	19.1	0.1
40〜49歳（1,732）	5.9	17.7	20.7	38.3	17.2	0.1
50〜59歳（1,905）	6.2	17.6	22.4	38.4	15.2	0.2
60〜69歳（1,914）	3.9	14.1	19.9	44.2	17.7	0.3
70〜79歳（2,110）	2.7	10.9	17.6	47.2	20.0	1.5
80歳以上（1,110）	2.3	14.8	17.2	44.9	18.6	2.3

私と同世代ですよ。私もたまに孤独を感じることはありますが，若い層が最も孤独を感じているなんて，ちょっと意外です。
まわりを見ると，SNSでたくさんの人と知り合ったり，オフ会やってる人もいて，若い層って充実してるイメージですけどね。なぜ若い層が孤独を感じる率が高いんでしょう？

「孤独」というのは，求めている社会的接触が得られていないときに感じる不安な感情の一つといえます。
また，大勢の人に囲まれる環境にいても，心を許せる人がいなければ孤独を感じることもあります。

なるほど。大勢の人と会うことが，逆に孤独を深めることもあるわけですね。

そうなのです。そして孤独はうつ症状にもつながります。孤独がうつ症状のリスクを高めることは以前から知られていました。新型コロナウイルスの感染拡大の影響で，日常生活が悪化したと感じている人は約4割に上り，その中で，孤独からうつ症状に至った人も増えているといいます。

うつですか……。確かに最近，まわりにも増えている気がします。深刻な問題なんですね。

はい。そして，実は精神だけではなく，孤独は体にも悪影響をもたらすことが，近年わかってきたのです。

心ではなくて，体にもですか？

はい。0時間目で述べたように，私たちの体には，交感神経と副交感神経という，2種類の大きな神経系（自律神経）があります。交感神経は，恐怖や怒りを感じたり，興奮したりすることで作動します。一方で，副交感神経は，心身を落ち着ける方向にはたらきます。

戦闘モードと休息モードが交互にはたらくのでしたね。

そうです。戦闘モードになると，交感神経が心拍数と血圧を上げ，筋肉に血液を送るはたらきをします。
一方，休息モードになると，副交感神経が心拍数を下げ，血液を胃腸に送って消化をうながすはたらきをします。

敵から身を守るためには早く動けなくてはならないから，血流が筋肉に送られるんでしたよね。交感神経がはたらいて戦闘モードに入ると，だから心臓がバクバクしたり呼吸が荒くなるというお話でした。

その通りです。そして実は，**孤独を感じることでも，交感神経が活発になるんです。**

え？ 孤独を感じると，戦闘モードになるってことですか？　一体どういうことでしょう？

孤独な状態というのは，だれにも助けてもらえない状況をあらわします。ですから，**まわりでおこる脅威に対して「自分一人で対処しなければいけない！」と感じるため，体は交感神経を活性化してあらゆる脅威に備えようとすると考えられているのです。**

な，なるほど，そういうことですか！

しかし，この状態は，体にとっては大きなストレスになります。心拍数が上がれば心臓や血管に大きな負担がかかりますし，神経の興奮は眠りをさまたげます。

孤独って，何もおきない静かなイメージですけど，体にとってはまったく逆だったんですね。

ポイント！

「孤独」は心身に負担がかかる

心拍数が上がることで心臓や血管に負担がかかり，神経が興奮することで，睡眠がさまたげられるなど，体への負担が大きくなる。

ストレスの感じ方は，育った環境も関係する

ストレスの感じ方についても見ていきましょう。ストレスの原因は外部からの刺激の場合が多いとお話ししましたが，その感じ方は個人によってことなります。

記憶が関係しているということでしたね。

その通りです。たとえば，同じ上司のもとで仕事をしていても，ストレスを感じずに仕事をこなすことができる人もいれば，強いストレスを感じて仕事ができなくなってしまう人もいます。

このような，ストレスに対する強さ・弱さは，**レジリエンス（resilience）**，または**ストレスに対する対処能力**とよばれ，そのレベルが人によってことなる要因を探る研究が世界中でおこなわれています。「回復力」とか「弾力性（しなやかさ）」ともいわれますね。

へえぇ〜。どんな研究がおこなわれているんですか？

たとえば，ストレスに関係する物質の一つに，**NPY（神経ペプチドY）**とよばれる，神経伝達物質があります。ユタ大学の研究グループがおこなっている研究では，このNPYをつくりだす遺伝子のはたらきによって，ストレスに対する感じ方のちがいが生じている可能性があるとしています。

ストレスに対する対処能力って，生まれつき決まっているわけですか!?

すべてというわけではないのですけどね。
NPYのようなストレスに関与する遺伝子は，ほかにも**10種類以上**が見つかっています。
また，遺伝子のはたらきだけでストレス耐性が決まるわけではなく，**生まれ育った環境**や**幼少期からの体験**といった環境要因や，その遺伝子との相互作用も影響していると考えられています。実際，生育環境とストレスとの関係についても，研究が進んでいるんですよ。

生育環境とストレスに関する研究では，どんな結果が出ているんです？

そうですね。近年，親の**ネグレクト（育児放棄）**や，学校での**いじめ**が問題となってますよね。
研究成果によれば，**子どものころに強いストレス，たとえばネグレクトやいじめなどを経験した子どもは，大人になるとストレスに弱くなる可能性が高いことがわかってきました。**

いじめやネグレクトは，そのときだけではなく，将来にも大きな影響をあたえてしまうんですね……。

残念ながらそのようなのです。それは脳のしくみからも説明できます。**子どものころに強いストレスに長時間さらされると，扁桃体が大きくなる傾向があるといいます。**

扁桃体って，喜怒哀楽とかの感情に関する記憶や制御をするところでしたね。

そうです。扁桃体は，不安や恐怖を感じたときにはたらく，ストレス反応のきっかけとなる脳の部位です。ですから，**扁桃体が大きいということは，小さなストレスにも敏感に反応し，一連のストレス反応を引きおこしやすくなることを意味するのかもしれません。**

なるほど……。

その結果として，**小さいころからストレスを受けて育った子どもは，大人になってからストレスに弱くなる傾向にあると解釈されているのです。**
また，発達途中の子どもの脳は，扁桃体以外にもストレスによってさまざまな影響を受けやすいと考えられます。

たとえば，どのような影響でしょうか？

脳の発達期には，神経がさかんに突起をのばして成長する**感受性期**とよばれる時期があります。
感受性期は人としての感受性が成長する，大切な時期です。しかし，この時期に過剰なストレスを受けると，学習能力や人格形成にも大きな影響が出るという研究結果もあるのです。

どんなときもですが……，特に子ども時代に，いじめやネグレクトは，決してあってはならないのですね。

その通りです。脳や扁桃体のはたらきについては，あとからくわしくお話ししますね。

STEP 2

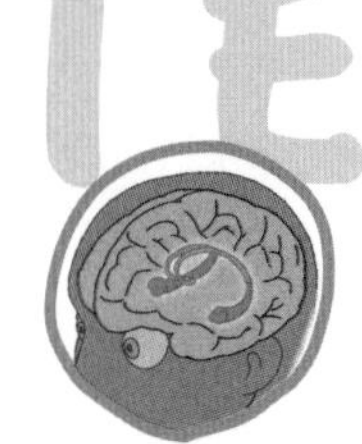

ストレスを感知するのは脳！

不安や恐怖を感知するのは脳です。脳の中の扁桃体，島皮質，海馬といった各部位を取り上げ，ストレスを感知する脳のしくみについて見ていきましょう。

ストレスへの反応は生存のための本能である

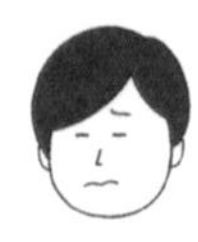

はぁ。ストレスを感じても，な～んにも影響を受けずにノホホンとしていられたらいいのに……。
先生，人間って，大変な生き物ですね。0時間目で，ストレスをゼロにすることは不可能で，それどころか生きていくためには適度なストレスが必要だとお聞きしました。
でもやっぱりストレスって感じないほうがよくないですか？
そもそもストレスを感知する機能そのものがなければラクそうだけどなあ。

ハハハ，それも無理でしょうね。なぜなら，私たちの体がストレスを感知し，反応するしくみをもっているのは，生き物が環境に適応して生存するために，長い時をかけて**進化**してきた結果だと考えられているからです。

そうでしたね。生き残るために，自律神経も進化の中で備わってきたのでした。

その通りです。人類はおよそ**700万年前**にアフリカで誕生したと考えられています。どう猛な肉食動物が生息している環境では，人類はあまりにも無力で，捕食される危険と常に隣り合わせの生活だったと考えられています。

まわりが敵だらけだったら，おちおち眠ってもいられませんね。

そうです。だからこそ，常にまわりの物音や変化に気を配り，**天敵**に見つからないようにしなければなりませんよね。私たちの祖先は，そのような環境の中で，狩猟採集生活を送りながら生きのびてきたのです。

本当に，油断したら取って食われる日々ですからね。

はい。そして運悪く天敵と遭遇してしまった場合，**命がけで闘うか，命がけで逃げるかのどちらかしかありませんでした。このときに体の中でおこるプロセスが，まさにストレスということなのです。**

現在とはちょっと次元のちがうストレスですよね。何しろ命が直接かかっているんですから。原始人も，心臓がバクバクしていたのでしょうか。ものすごいストレスだっただろうなあ。

そうですよね。われわれ人類は，進化の過程で，身を守る大切な**手段**として，ストレスという一連のプロセスを獲得したと考えられているのです。

でも現代は，まわりに猛獣なんていませんし，命を失うほど差しせまった脅威は，日常生活ではほとんどないでしょう。

そうなんですよね。それでも私たちの体は，いつかおきるかもしれない危険に対して不安な気持ちを抱き，身のまわりでおこる大小さまざまな変化に対して，強いストレスを感じるようになってしまっています。

もう，そういうふうになってしまっているわけですね。

そうです。毎朝の**通勤電車**で多くの見知らぬ人と接触することも，自分の**なわばり**に敵が侵入してくることの名残で，強いストレスになる場合もあるとお話ししました。

そのほかにも，たとえば**対人関係**で抱く不安や緊張もまた，**集団**からはじきだされることで命の危険があることを本能的に知っているからだと考えられています。

なるほど……。人間は社会性の動物といいますもんね。確かに，対人関係には神経をつかってるかも……。

すなわち，周囲の小さな変化にすばやく対応し，**臨戦態勢**になれるかどうかが，生き残れるかどうかを決めていたころの名残なのです。
つまり，ストレスに敏感で適切に対処できる人は，それだけ生き残る確率が高かったとも考えられるわけです。

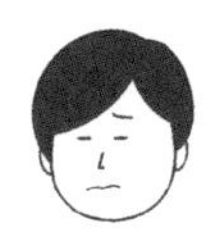

ということは，ストレスを感知する機能そのものは，なくすことはできないということか……。

はい。**ストレスに対する過剰なまでの反応も，私たちのDNAに刻まれた，生存のための本能ともいえるのです。**

負の感情をキャッチ！ 「扁桃体」

さて，ストレスに対する過剰なまでの反応も，私たちの生存のための本能の一要素であって，取り去ることはむずかしい，ということはご理解いただけたでしょうかね？

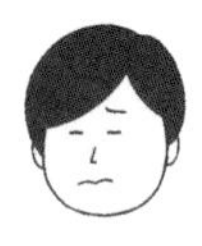

はい。ストレスを感じることも，ストレスを感知する機能そのものも，私たちが生きていく上ではむしろ必要なものだったんですね。

その通りです。それではここから，ストレスをどのように感知しているのか，そのしくみについてお話ししましょう。
先ほど，天敵に見つかってしまった場合，命がけで闘うか，命がけで逃げるかのどちらかであり，このときに体の中でおこるのがストレスというプロセスだとお話ししました。
さて，そんな場面に遭遇したら，あなたはどんな感情が出てくると思いますか？

えぇ……だって食うか食われるか，生命の危機に遭遇しているわけですよね。もう**恐怖**でしかないです。

そうですよね。
恐怖という感情はストレスと深い関係があり，恐怖を抱いた体験は，不快でいやな記憶として残りやすいことがわかっています。

そうなんですか？

はい。なぜなら，**恐怖や不安を感じなければ，生命の危機に遭遇したとき，生きのびる可能性が低くなるからです。**

そ，それはどういうことですか!?

たとえば，ヘビを見たことのない乳幼児にヘビを見せるとしましょう。どうなると思いますか？

そんな！　どうなるんだろう……。ヘビをはじめて見るんですよねえ。なんか変な形をしているし，まずは触ろうとするんじゃないですか？

ところが！　ヘビが噛みつくことや毒をもつことを知らないのにもかかわらず，乳幼児は恐怖に満ちた表情をして逃げようとするのです。

そうなんですか？　一体どうして？

ヘビは，木の上だろうとどこであろうと，どこからでも襲ってきますよね。ですから，狩猟や採集をしていたかつての人類にとって，ヘビはとても危険な存在だったと考えられます。
そのため，**おそらく恐怖の記憶が長い時間をかけて遺伝子レベルで刻み込まれ，現代の私たちにもおよんでいるのではないかと考えられているのです。**

恐怖の記憶が遺伝子レベルで刻み込まれている……。

恐怖は，生死に直結する危険を察知させます。そして，闘うか逃げるかといった行動をすばやく引きおこし，生きのびる可能性を高める機能を果たしていると考えることができるのです。
ですから，**ヘビに恐怖を覚えにくい個体ほど淘汰されてしまい，より強く不快感をもつ個体が生き残る可能性が高まったのかもしれないわけです。**

なるほど……。確かに，そこで恐怖を感知せずにノホホンとしていたら，あっという間にヘビにやられてしまいますね。先生，やっぱりストレスは必要ですね！

ハハハ，そうですね。
さて，ではあらためて，恐怖といったストレスを感知するしくみについて見ていきましょう。
恐怖や不安といったネガティブな感情の中枢としてはたらくのは，脳の側頭葉に左右一つずつある**扁桃体**という部位です。

STEP1で登場しましたね。ストレスの感じ方は扁桃体のはたらきにかかわるというお話でしたね。

その通りです。よく覚えていましたね！
お話ししたように，ヒトの脳がもつ高度な機能のうち主に扁桃体と関連するのは，記憶と感情の二つがあります。脳は左脳と右脳に分かれていて，記憶は，左右両方の脳に一つずつある**海馬**という器官もつかさどっています。扁桃体も海馬と同様，左右一つずつあり，側頭葉（大脳の側面）の内側，海馬の前方に位置しています。

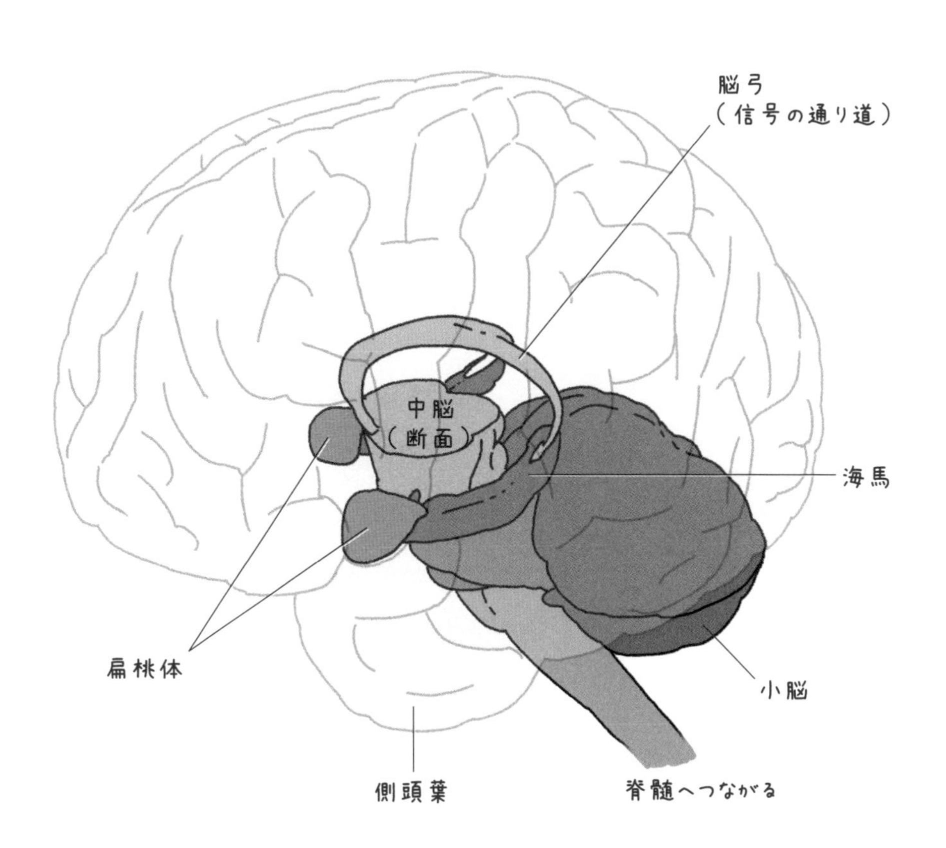

へええ……小さな部分なんですね。

そうなんです。「扁桃」というのは**アーモンド**の和名なんですよ。形がアーモンドに似ていることから，扁桃体という名前がついたんです。

面白いですね。

扁桃体の内部は，さらにいくつかの領域に分かれており，視覚，聴覚，味覚，痛み，内臓感覚などのあらゆる感覚からの情報が，電気信号として脳のさまざまな経路を通じて入ってきます。

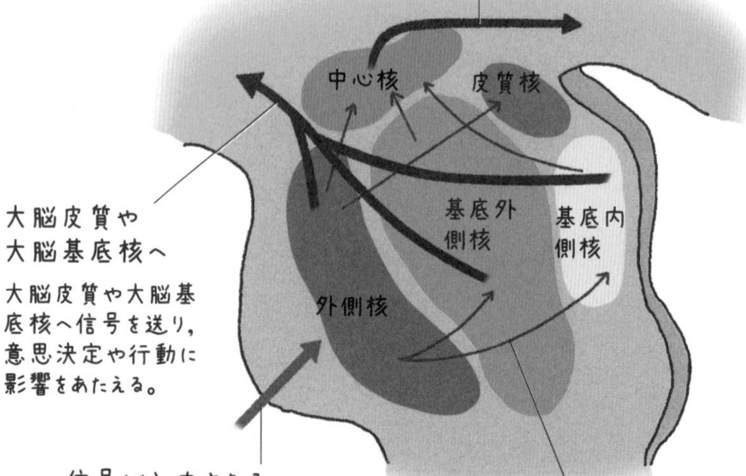

こんな小さな部位の中で，いろんな情報がやりとりされるんですねえ……。

すごいでしょう。**そして扁桃体は，あらゆる感覚器官から送られた信号のうち，感情をよびおこすような信号を受け取ると活性化します。**

活性化？

はい。たとえば，悲惨な事故を目撃してはげしく動揺するとか，おいしそうなケーキを見て喜ぶといったことですね。そしてその際に，**扁桃体はその信号を過去の似たような記憶と照らし合わせて「評価」すると考えられるのです。**

記憶と照らし合わせて評価する？

はい。つまり，受け取った信号を過去の似たような記憶と照らし合わせ，それが脅威に類すると評価すると，脳の各部位に対して，たとえば「交感神経を活性化させてドーパミン，ノルアドレナリン，アドレナリンを放出せよ」とか「反射反応をうながせ」とか「恐怖や不安の表情をつくりだせ」といった，指令を信号として次の部位に受け渡すのです。

すごい！

すると，心拍数や血圧が上昇し，表情は恐怖や不安に満ちたものになり，身体は硬直してすばやく逃走できるように身構える，というわけです。

面白いですねえ……。私たちはすごい機能をもっているんですね。

さらに扁桃体は，記憶をつかさどる海馬とも情報をやりとりしており，「恐怖体験の記憶を形成する（恐怖学習）」，「恐怖学習後に，その記憶を固定する」といった機能ももっているんです。

恐怖学習！

そのほかにも，威嚇や暴力などの**攻撃性**とも関連していることがわかっています。これは，攻撃的な行動※をとることで恐怖や不安から回避するための反応で，やはり危険を察知して生きのびるための行動といえます。

恐怖を感じることって，生存していくための基本なんですね。

※ただし，攻撃行動は多面的で，脳のほかの部位や男性ホルモンなども関与している。

恐怖で足がすくむのは「島皮質」

もう一つ，恐怖に関連する脳のしくみについてご紹介しましょう。次のような状況を想定してみてください。「道を歩いていたら，急に車が飛びだしてきて体がびくっと動き，次の瞬間，足がすくんだ。とてもこわかった」。

危ないですねえ！

このとき，脳がどのようにはたらいているのかを追ってみましょう。

まず，視覚や聴覚などで得た「車が飛びだしてきた」という外部刺激が**体験**の情報として，**視神経**や**聴覚神経**を介して脳へと送られます。

ふむふむ。

情報が脳のさまざまな部位に届き，処理・統合されると**情動表出**とよばれる体の変化がおこります。

情動表出とは何でしょうか？

まず**情動**とは，一般的に感情の動きのことをいいます。ただし，感情の中でも，恐怖・驚き・怒り・悲しみ・不安といった，急激で一時的な反応のみを情動として区別することもあります。
情動表出とは，情動にともなっておきる生理的な行動のことで，この場合，「体がびくっと動いた」「足がすくんだ」という反応が，情動表出にあたります。

はじめて聞きました。

情動表出は，呼吸，心拍，発汗などの変化も含まれ，第三者が見て判断したり，測定したりすることができます。

ポイント！

情動……一時的な感情の動きのこと。恐怖・驚き・怒り・悲しみや不安など，急激で一時的な反応のみを特に指す場合もある。
第三者が測定することはできない。

情動表出……情動にともなっておきる生理的な反応。
第三者が測定することができる。

一方で，情動は個人の主観にもとづくものなので，第三者が測定することはできません。
さてこのとき，「体がびくっと動いた」，「足がすくんだ」といった情動表出を感知し，意識化するのは，脳の**島皮質**とよばれる部位と考えられています。

とうひしつ？

はい。島皮質は，大脳皮質の側頭葉と前頭葉の境目に，左右一つずつあります。
これまでの研究から，視覚，聴覚，触覚，腸の動きといった，体のいろいろな感覚情報が島皮質に送られ，そこで体の状態が**意識化**されることが明らかにされています。

大脳（前方部分の断面）

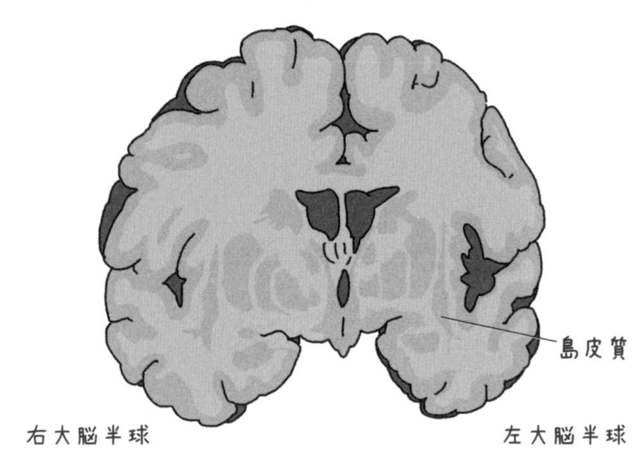

先生, ちょっと待ってください。車が飛びだしてきました, びくっとして足がすくみました, そして恐怖を感じました, って, 何となく順番がおかしくないですか？
普通は, 車が飛びだしてきて, 「こわい！」と感じるから, 足がすくむんじゃないですか？

ところがそうではないのです。**ビクッとして足がすくみ, その体の状態を意識してはじめて, 「こわかった」という感情が生まれると考えられているのです。**

そうだったんですね。車が飛びだしてきて, こわかった！というほんの一瞬のあいだに, 脳の中ではそんな流れがおきているのですか。まったく意識したことなかったです。

そうでしょう。**島皮質は, 体と心をつなぎ, 自分が抱く感情（主観的感情）を生みだす際に大切なはたらきを担っているといえるのです。**

なるほど。コンピューターにたとえると, ハブみたいな役割ということですか。

その通りです。島皮質に関して, ある研究結果が報告されています。
島皮質部位の脳腫瘍患者を対象に, 腫瘍を摘出する覚醒下手術（意識がある状態でおこなう手術）をおこなった際, 「島皮質の前部を刺激したところ, 患者は怒りの感情を抱いた。しかし島皮質を摘出したあとは怒りの感情が低下し, 悲しみの感情を抱いた」というのです。

すごい手術ですね……。島皮質って，感情というか，情動に関係しているんですね。

その通りです。そして，島皮質が，身体内部からの情報をやりとりする際，怒りや悲しみなどの感情認識の変化にかかわっていることも明らかになっています※。
実は島皮質のそばには，先ほどお話しした情動の中枢である扁桃体があり，互いに情報をやりとりしているのです。つまり，扁桃体が情報を受信して評価するはたらきに，島皮質が関与しているのです。

なるほど。扁桃体があらゆるところから情報を受信する際に，その信号は島皮質が中継しているわけなんですね。

そういうことです。冒頭に紹介した，飛びだしてきた車に対して抱いた恐怖心を脳神経科学の観点から説明すると，車への情動表出が島皮質で意識化され，扁桃体との情報のやりとりを経て，それを恐怖として評価した，といえます。

なるほど。

島皮質は，扁桃体のほかにも，前頭葉，帯状回など，脳のさまざまな領域ともつながっており，運動，認知，意思決定など，非常に多くの機能に関与しているとされています。

※参考文献：Motomura, K., Terasawa, Y., Natsume, A. et al. Anterior insular cortex stimulation and its effects on emotion recognition. Brain Struct Funct 224, 2167–2181（2019）. https://doi.org/10.1007/s00429-019-01895-9

「海馬」はつらい記憶を鮮明に記憶させる

扁桃体や島皮質のところに，**海馬**が出てきました。記憶をつかさどっているということですが，気になります。名前も変わっていますし。

そうですね。まず海馬は，記憶にとって最も重要な部位であるといわれています。
海馬は左右の大脳の中にそれぞれ一つずつあり，海馬につながる**脳弓**という部位とともに，脳の中央部から左右に向かって，らせんをえがくような特徴的な形をしています。

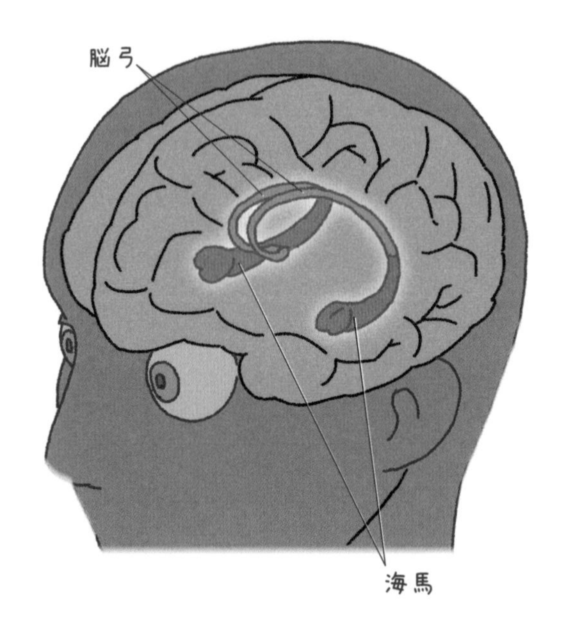

不思議な形ですねえ。

海馬という名前は，その形状がギリシア神話の海神が乗る馬の前肢に似ていることに由来しているんですよ。

扁桃体といい海馬といい，面白いネーミングですね。

そうですね。
海馬は，扁桃体とともに，本能行動と情動行動をつかさどる大脳辺縁系という部位に属しており，**特に，人が日常生活でおきたさまざまな出来事を記憶する機能を担っています。**
海馬には，視覚，聴覚，嗅覚，味覚，皮膚感覚などのあらゆる感覚にかかわる電気信号が入力され，大量の情報を一定期間（一か月から最大数か月）記憶しておくことができます。

すごい！　**記憶の倉庫**みたいですね。

その通りです。
海馬に一時的にたくわえられた記憶は，睡眠中に再現され，やがて側頭葉をはじめとする大脳皮質に移されて長期保存されると考えられています。

へええ～！　ということは，睡眠はやっぱり大切なんですね。

そうです。ところであなたは，いやな記憶やこわい記憶のほうが，よく覚えているように感じられませんか？

いわれてみれば，そうかもしれません。

たとえば災害など，生死をおびやかす体験をすると，恐怖や不安といったネガティブな感情の情報は扁桃体から海馬に送られ，鮮明に記憶されるのです。

え～？　いやな記憶やこわい記憶は，早く忘れてしまうほうが精神的によさそうですが……。どうしてそんな記憶をより鮮明に覚えておこうとするんだろう？

こうした，生死をおびやかすような恐怖体験の記憶は，生きのびるために重要と考えられるため，とくに選択的に保存されるようなのです。

うわ，よくできているんですねえ。

そして，恐怖体験を思いおこさせるような，何かのきっかけがあると，当時の恐怖の記憶が鮮明によみがえるのです。
こうした恐怖記憶のフラッシュバックは，**心的外傷後ストレス障害（PTSD）**の症状としてあらわれてくることもあります。

震災のときなど，おそろしい記憶や悲しい記憶が今もよみがえって苦しんでいる人たちもいますね。つらいですね……。

確かに，恐怖記憶を何度も思いだすことは精神的につらいものです。しかし，脳が私たちを生きのびさせるためにつくり上げたしくみと解釈することもできるのです。

ストレスを客観的に測定する研究が進んでいる

先生, 私たちの脳は, ストレスを感知するだけではなくて, より恐怖を強く感じさせたり, 鮮明に記憶させたりするしくみをもっているなんて, おどろきました。そうやって, 人類は生き残ってきたんですね。
でも先生, もう一つお聞きしたいことが……。ストレスを感じると, 胃が痛くなるじゃないですか。ほかにも頭痛や下痢とか, 体の症状が出ますよね。あれは一体どういうしくみなのでしょうか。

そうですね。胃が荒れたり, 頭痛がしたりするなど, ストレスは心身にさまざまな影響をおよぼすことは広く知られています。
ここまでお話しした, 扁桃体, 島皮質, 海馬のはたらきは, ストレス刺激に対しての脳の反応です。
胃が痛むとか頭痛といった体の症状は, 脳がストレス刺激に反応したあとに体にあらわれる変化です。つまり**ストレス反応**ですね。

なるほど。

ストレス刺激に対する体の反応について鍵となるのは，**自律神経**のほか，**内分泌（ホルモン）**，**免疫**の三つのシステムがあり，脳がストレスと感知すると，これらに関連する器官に指令が伝わり，ストレス反応が引きおこされるのです。

いろいろな要素がかかわっているんですね……。

はい。STEP1で，カナダの医学者ハンス・セリエが，ラットにストレス刺激をあたえると胃が荒れることを発見したとお話ししました。
セリエはラットに，心理的，物理的にことなる種類のさまざまな刺激をあたえました。しかし，どの種類のストレス刺激をあたえたときでも，胃腸が荒れるほか，**副腎**という腎臓の脇にある小さな器官が大きくなるといった，共通した症状があらわれることがわかったのです。
つまりこれは，**心理的なストレスも，物理的なストレスも，体が反応するしくみは同じようになっているという，非常に興味深い事実を示しています。**

うーん。どんなストレス刺激でも，ともかく胃が痛くなるというわけですか……。

体の反応はさまざまですが，ストレスで体におきる反応やしくみについては，2時間目からくわしく見ていくことにしましょう。

お願いします。

ところで，ストレスには，感じ方に個人差があり，きわめて**主観的**な要素も含んでおり，そのプロセスのほとんどが目に見えません。しかし，ストレス状態を客観的に目に見える形で評価できるとしたら，血糖値から糖尿病の危険性を判断するように，ストレスによる病気の予防につかえるとは思いませんか？

そうですね！　それに，今自分がどれくらいストレスを感じているかを客観的に判断できれば，少しは安心できるかも……。
でも，そんなこと可能なんですか？

強いストレス刺激を受けると，脳から副腎に指令が行き，副腎から**コルチゾール**というホルモンが放出されることがわかっています。
コルチゾールは，血糖値や血圧上昇にかかわるホルモンで，**ストレスホルモン**ともいわれています。コルチゾールなど，そのほかのストレスに関係するホルモンの濃度をはかることで，ストレス度の測定ができるかもしれないという研究が進められているのです。

本当ですか！

ストレスを反映して変化する体内の成分を**ストレスバイオマーカー**とよびます。
血液中に放出されたコルチゾールの一部は唾液にもあらわれます。血液や唾液中のコルチゾール濃度は，朝起きた直後に急上昇し，昼にかけて下降したあと，午後は低い濃度で安定するという，日内変動をすることが知られています。

ほほう，濃度の変化が一定なんですね。

たとえば，うつ病や心的外傷後ストレス障害（PTSD）の人は，そうでない人とくらべて，起床時の唾液中コルチゾールの濃度の上昇が鈍くなっているといいます。
したがって，起床したときの濃度変化をストレス状態の指標にすれば，病気の予防に使える可能性があるとされます。

それは，ぜひ実現できるといいですね！

ええ。また，コルチゾールのほかにも，唾液中に含まれる**アミラーゼ**という酵素や，免疫にかかわる**分泌型免疫グロブリンA**というタンパク質などが，ストレスバイオマーカーの候補として研究が進められています。

でも，そういう測定装置って複雑で，先生みたいなお医者さんだけがつかうようなものになっちゃうんじゃないですか？

ストレスを測定し，病気の予防に役立てるには，長期にわたって測定を続け，長期間ストレス状態が続く**慢性ストレス**の状況を把握することが必要となります。
そのため，ストレスバイオマーカーをなるべく手軽に誰でも測定できる方法・装置が求められています。
現在は，唾液中の成分をはかる方法が手軽で，主流になってきているようですね。

唾液で測定できるならいいですね！　自分でできますしね。

唾液中のストレスバイオマーカーを計測する装置として，手のひらサイズの小型の装置も研究用として開発されているんですよ。

私たちは常にストレス刺激にさらされている社会に生きているわけですよね。こういう予防研究が進んで，ストレスによる病気などが減らせるといいなあ……。

そうですね。2時間目からは，ストレスと心身の反応について，理解を深めていきましょう。

主なストレスバイオマーカーの候補

名称	特徴
コルチゾール	副腎皮質から放出されるストレスホルモン。血液のほか，唾液中にも含まれる。比較的簡単に測定する装置が開発中であり，有望なストレスバイオマーカーの一つ。
アミラーゼ	唾液や膵液に含まれる消化酵素。急性ストレスを受けると，唾液中の濃度が増加する。食事や運動の影響を大きく受ける。小型の測定装置が市販されている。
分泌型 免疫グロブリンA	口や鼻などの粘液中に存在するタンパク質で，免疫機構にかかわる。慢性ストレスによる免疫力の低下を判断できるバイオマーカーとして期待されている。
クロモグラニンA	急性ストレスを受けると，血中や唾液中の濃度が上昇するタンパク質。とくに唾液中の濃度は，心理的ストレスのよい指標といわれている。

2

時間目

自律神経とは何か

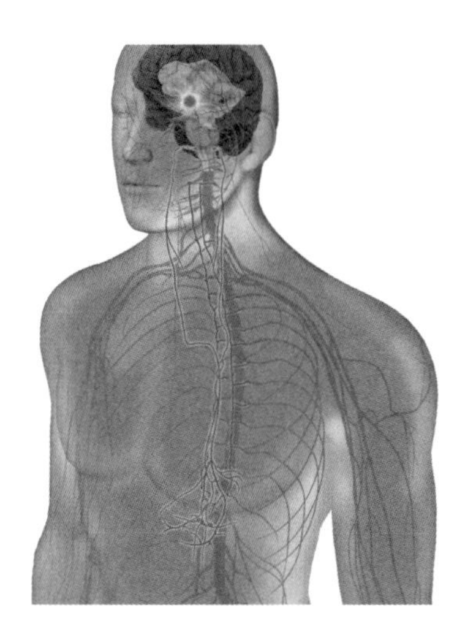

STEP 1

自律神経のメカニズム

ストレスのプロセスが進むと，体は防衛反応をおこし，生命活動を維持しようとします。その反応をもたらすシステムの一つが，自律神経です。自律神経はどのようにしてはたらくのでしょうか。

私たちの心身は神経のネットワークが制御している

1時間目では，ストレスについてお話ししました。2時間目からは，ストレスとは切っても切れない関係にある**自律神経**について見ていきましょう！

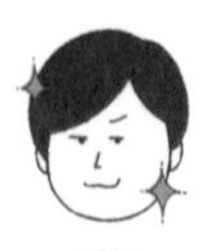

お願いします！

少しおさらいです。たとえば，大勢の前での発表や，重要な約束に遅れそうなときなど，心拍が上がってドキドキしたり，汗をかいたりしますね。
これは，「外界から何らかの危険や変化を感じた際に，それに対処するために体の機能を高めた状態」ということだとお話ししました。

はい。戦闘モードでしたよね。今もプレゼンのことを考えると心臓がバクバクして……。

その通りです。しかし，戦闘モードの状態は永久には続きません。ストレスがなくなると戦闘モードはすみやかに解除され，体はしだいに休息モードに入り，心拍はゆるやかになって，汗もおさまります。
このような内臓のはたらきを，頭で意識せずに，自動的に制御しているのが，自律神経というシステムだとお話ししました。

うまくできていますよね。特に意識しているわけではないのに，勝手にそうなるなんて，考えてみたら不思議です。

不思議ですよね。この自律神経は，「神経」とついていることからもわかるように，私たちの体全体に張りめぐらされている**神経系**というシステムの中の一つなんです。

神経系？

そうです。たとえば，手足を動かすのは，自分の意思でできますよね。これは**運動神経**という神経系のはたらきです。ところが心臓のドキドキや汗は，自分の意思ですぐにはどうすることもできませんよね。これが**自律神経**のはたらきです。

なるほど，体を動かすのと汗をかくのとは，それぞれ別な系統の神経がかかわっているんですね。

そうなんです。
これらの神経系の中では，情報を伝達するための電気信号と，ともにはたらく化学物質が神経細胞から分泌され，情報を神経細胞どうしの間でスピーディにやりとりしています。そうした神経系の情報伝達にかかわる化学物質を**神経伝達物質**といいます。たとえば「痛い！」「こわい！」といった命にかかわるような情報は，この神経伝達物質のおかげで，即座に脳に伝えられ，心臓がドキドキしたり，汗が出るといった反応につながっていくのです。

なるほど。

また，情報を伝達する物質には，神経伝達物質のほかに**ホルモン**もあります。これは，体の決まった器官から分泌され，血液に乗って，体の中をめぐり，決められた部位に届けられて作用します。
ホルモンを分泌する器官を総称して**内分泌系**といいます。

神経系と内分泌系とがあるんですね。

そうです。自律神経は，神経系の中で，循環器系や消化器系の内臓につながっていて，自律神経の末端から神経伝達物質を放出して，内臓機能に作用します。
同時に，一部の内分泌系にもつながっていて，ホルモンの分泌にも関与しているのです。

ポイント！

神経系……神経細胞の連鎖によって構成される。神経細胞の電気信号によって神経伝達物質を放出することで，近接する神経細胞に情報を伝えて，体の機能を制御する。

内分泌系……ホルモンの分泌をおこなう器官の総称。ホルモンを分泌し，血液によって体内を循環させて，体の機能を制御する。

へええ～！

私たちの体は，神経系と内分泌系が連携してはたらくことで機能しています。その中で自律神経は，内分泌系にも関与し，ヒトの生命維持に欠かすことのできない自律機能を制御しているのです。
こうした自律神経のはたらきを理解するには，**神経系**および**神経伝達物質**，**ホルモン**が重要な鍵となります。STEP1では，これらについてくわしく見ていきましょう。

何だかむずかしそうですが……お願いします。

まず，神経系とは，脳とさまざまな器官をつなぐ，**神経細胞**によるネットワークのことです。
この精密なネットワークによって，私たちの体は複雑かつ高度に制御されているのです。

神経細胞によるネットワーク，ですか。ネットワークっていうと，何だか体の中にケーブルが張りめぐらされているイメージが浮かんでしまいます……。

ハハハ，そうですね。でもそのイメージに近いんですよ。神経細胞は電気信号を伝える機能をもっていて，脳から体の各器官へ情報を伝えるなど，情報処理を専門とする細胞なんです。

そんな細胞があるんですね。

神経細胞は本体から細長い突起がいくつものびていて，それを別の神経細胞に近接させることで情報を伝達できるんです。この神経細胞が束状に連なったものが**神経**なんですね。

ほんとにケーブルみたいですね。

そうでしょう。
光，匂い，肌触り，痛みなど，体中のあらゆる感覚器官から受け取った情報は，この神経細胞の束（神経）を伝わって**脊髄**を通り，**脳**に伝えられ，脳でその情報を処理しています。
神経は，目的によって系統が決まっていて，情報は決められた系統を通り，各器官が情報をすばやく処理し，体のはたらきを調整しているのです。自律神経は，この精密な神経ネットワークの一系統，というわけなんです。

す，すごい！

中枢神経と末梢神経で役割分担

さて，下の図は，神経系の区分けをあらわしたものです。神経系は, 大きく**中枢神経**と**末梢神経**に分類されます。まず，中枢神経は**脳**と**脊髄**のことです。

中枢神経は，全身から脊髄を経由して脳に情報を集め，脳から全身に指令を送る役割を担っています。

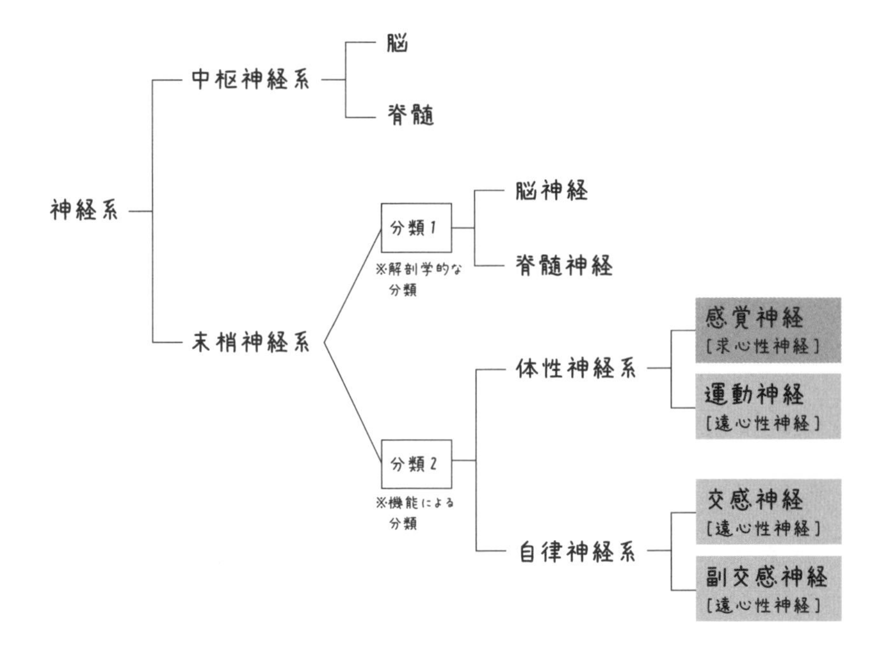

中枢神経は“**司令塔**”というわけですね。

その通りです。
神経系の中で，脳には最も多くの神経細胞が集まっていて，脳には**約1000億**，脊髄には**1億**もの神経細胞が存在しているといわれています。

1000億個も!?

すごいでしょう。
一方，**末梢神経は，体の各部の感覚器と中枢神経をつなぐ役割を担っています。**

ポイント！

中枢神経（脳・脊髄）……全身から脊髄を経由して脳に情報を集め，脳から全身に指令を送る役割を担う。

末梢神経（脳神経・脊髄神経）……体の各部と中枢神経をつなぐ役割を担う。

末梢神経には，解剖学的な分類と，機能による分類の二つのパターンがあり，解剖学的な分類によると，**脳神経**と**脊髄神経**に分かれます。
脳神経は，脳から出ている末梢神経で，左右12対の神経で構成されています。それぞれ視覚・聴覚・味覚などの感覚や，顔の筋肉や目や舌の動きを制御したり，唾液腺を調節したりしています。

ふむふむ。

脊髄神経は，脊髄から出ている末梢神経で，左右31対の神経で構成されています。 31対の神経はそれぞれ，この神経は人差し指と中指，この神経は小指と薬指という具合に，対応する体の場所が決まっていて，全身につながっています。基本的に，脳からの情報も，全身からの情報も，すべて脊髄を通ります。

うわ，すごい。脊髄がすごく重要であることがよくわかります。

そして，末梢神経はもう一つ，機能による分類があり，その分類で，**自律神経系**と**体性神経系**に分かれます。前置きが長くなりましたが，自律神経は神経系の中の，末梢神経の一つというわけです。

細かいですねえ。

さて，体性神経のほうは，手足などを動かす**運動神経**と，痛覚や触覚などの感覚を伝える**感覚神経**から成ります。**運動神経は，中枢神経からの情報を体の各部に伝える役割を担い，感覚神経は体の各部からの情報を中枢神経に伝える役割を担っています。**

お，上からの指令を伝える役割と，下からの情報を吸い上げる役割とを分担しているんですね。

その通りです。一方自律神経は，先にお話ししたように，体を活動させる**交感神経**と休息させる**副交感神経**から成ります。

ポイント！

自律神経

交感神経……体を戦闘モードに切りかえる
副交感神経……体を休息モードに切りかえる
交感神経と副交感神経は，脳の視床下部からの指令を全身に届ける。

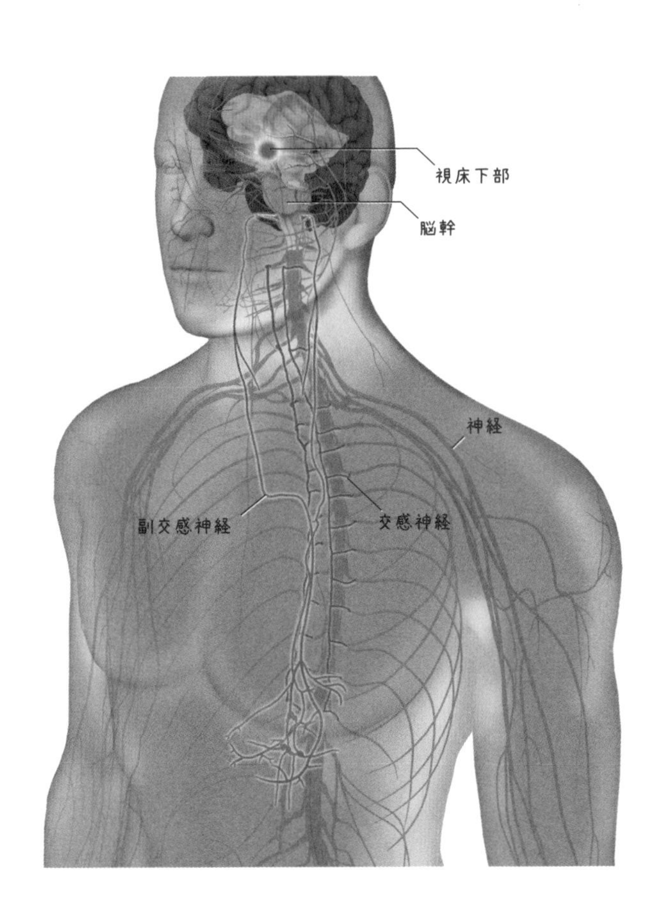

自律神経は，神経系の中の末梢神経の一つであり，さまざまな状況に応じて交感神経と副交感神経のはたらきのバランスを調整することで，体内の状態を安定に保つ役割を担っています。

自律神経の立ち位置がよくわかりました。私たちの体って，神経が張りめぐらされているんですね。
ところで先生，図の中に求心性神経と遠心性神経とありますが，これらは何でしょうか？

これは，情報を伝える“方向”です。
脳を中枢と考えて，中枢から末梢器官に向かって情報を伝える神経を遠心性神経といい，逆に末梢器官から中枢に情報を伝える神経を求心性神経といいます。

上からの指令を伝える神経が遠心性神経で，下からの情報を吸い上げる神経が求心性神経ということですね。
自律神経の交感神経と副交感神経は両方とも，上からの指令を伝える遠心性神経なんですね。

交感神経と副交感神経とはそれぞれ，心臓，消化器官，肝臓，膀胱などの器官につながっています。そして，中枢からの指令がくると，電気信号や神経伝達物質を使って伝達し，それらの器官が滞りなく機能できるように制御しているのです。

神経が太いほど情報の伝達スピードは上がる

ここで，神経や神経細胞の構造についても，少しご紹介しておきましょう。
神経は，神経細胞からのびる突起が束状に集まったものだとお話ししました。
この突起は**神経線維**とよばれるもので，神経は，この細い神経線維が集まったものなんです。

神経線維，ですか？

はい。神経の種類によって，神経線維の数は数本から何千本までとさまざまで，それが神経の太さのちがいとなっています。**神経が太いほど，情報の伝導速度が速くなるんです。**

数本から数千って，相当なちがいですね！

そうなんですよ。神経は太い順に**A線維**，**B線維**，**C線維**の三つのタイプに分類されています。最も太いA線維は，さらに四つのタイプに分類されます。
最も太いAα線維の場合，太さは平均で15マイクロメートルで，伝導速度は平均秒速100メートルなのに対し，C線維の太さは平均1マイクロメートルで，伝導速度は平均秒速1メートルです。
ちなみにB線維の太さは平均3マイクロメートルほどで，伝導速度は秒速7メートルほどです。

AとCとでは，速さが100倍も変わるんですか！

そうなんです。
最も太いAα線維は，運動神経や，筋肉からの感覚を中枢に伝える感覚神経です。自律神経は，B線維とC線維から成っているんですよ。

自律神経は割とゆっくりめなんですね。

ええ。自律神経の中には，**自律神経節**という中継地点があり，中枢から自律神経節までの伝達は**節前ニューロン**による神経が，そのあとの器官までは**節後ニューロン**による神経が担っているのです。
この内の，交感神経の節前ニューロンがB線維，交感神経の節後ニューロンがC線維です。

神経線維の種類と情報の伝導速度

線維	機能の例	神経の太さ（平均直径）	平均伝導速度	伝達速度
Aα	筋肉の受容器からの求心性線維 運動神経の軸索	15μm	100m／秒 （70～120m／秒）	速い
Aβ	皮膚の触・圧受容器からの求心性線維	8μm	50m／秒 （30～70m／秒）	
Aγ	筋肉の受容器への運動神経	5μm	20m／秒 （15～30m／秒）	
Aδ	皮膚の温度および侵害受容器からの求心性線維	<3μm	15m／秒 （12～30m／秒）	
B	交感神経節前線維	3μm	7m／秒 （3～15m／秒）	
C	皮膚の侵害受容器からの求心性線維 交感神経節後線維	1μm 無髄	1m／秒 （0.5～2m／秒）	遅い

神経の太さによって種類が分けられる。太いほど電気信号が速く伝わる。自律神経はBとCのタイプ。
Robert F. Schmidt著，佐藤昭夫監訳「コンパクト生理学」（医学書院）をもとに作成

なぜ，速度に差があるんですか？

痛さなどを伝達する感覚神経や，筋肉を動かす運動神経の情報など，情報を速く伝えなくてはならないものほど，神経が太く，伝達速度が速いといえるでしょう。

なるほど～！　痛さなどの感覚や，敵に襲われたときに「腕を上げて体を守れ！」とかの運動の命令は，なるべく早く伝えないといけませんからね！

神経細胞は神経伝達物質で情報を伝える

続いて，**神経細胞**についても，もう少しくわしくお話ししましょう。
先ほども少し触れましたが，神経細胞はとても面白い形をしているんですよ。

電気信号を伝える機能をもっているんでしたよね。

はい。神経細胞は，体のほかの部分にあるさまざまな細胞とはまったくちがう特殊な形をしています。
先ほど神経細胞の本体からは，細長い突起が何本ものびているとお話ししました。
これは**樹状突起**というもので，木の枝が枝分かれするように，神経細胞の本体から放射状にのびています。

また，樹状突起とは別に，本体から1本だけ長い突起がのびています。これは**軸索**（じくさく）といいます。そして，樹状突起は信号を受信する役割を，軸索は信号を送る役割を担っているんです。

受信ケーブルと送信ケーブルというわけですか！

そうですね。
この軸索の中を，情報が電気信号として伝導されていき，軸索の末端（神経終末）まで行くと，隣りの神経細胞に情報を伝達します。ただし，その近接する神経細胞とのあいだにはごくわずかなすきまがあいています。

えっ!?　すきまがあいていても，電気信号って伝えられるんですか？

いい質問！　おっしゃる通り，電気信号は，軸索の末端までしか伝導されません。そこで軸索の末端に電気信号が届くと，軸索の末端から神経細胞間のすきまへと，化学物質が放出されるんです。この化学物質を相手の神経細胞が受け取ることで，すきまをこえて信号が伝えられるんです。

ええええ〜！

すごいでしょう。この，次の神経細胞とのつなぎ目のすきま部分を**シナプス**といいます。

神経細胞の軸索の末端には，**シナプス小胞**という小さな袋がたくさんあって，中には**アセチルコリン**や**ノルアドレナリン**といった，**神経伝達物質**とよばれる化学物質が入っています。
シナプス間のすきまは**シナプス間隙**（かんげき）といい，そのすきまの幅は20～50ナノメートルほどです。軸索の末端に電気信号が到着すると，これらの神経伝達物質が放出されて，シナプス間隙をこえ，次の神経細胞に情報が届けられるんです。

ひゃあ～！

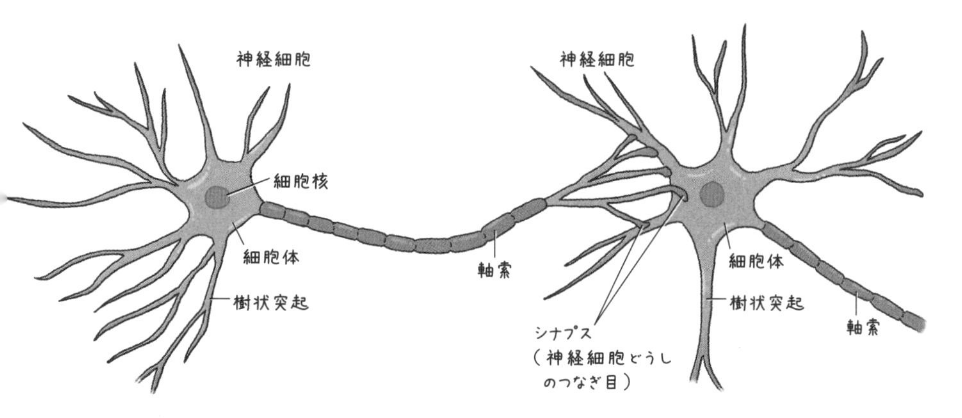

次の神経細胞の樹状突起や細胞本体には，これらの伝達物質をキャッチする**受容体**という構造があり，これらの化学物質を受け取ることができます。
そしてふたたび電気信号に変換されて軸索を通り，同じしくみで次の神経細胞へと伝わっていくのです。

とんでもないしくみですね……。

「神の経（みち）」と名付けられたくらいですからね。軸索の末端は分岐していることもあり，シナプスが複数存在することもあります。また，情報は複数の神経細胞から同時に伝達されることもあります。神経系は複数の神経細胞が複雑に絡み合うようにして，精密なネットワークをつくり，大量の情報を迅速に処理しているのです。

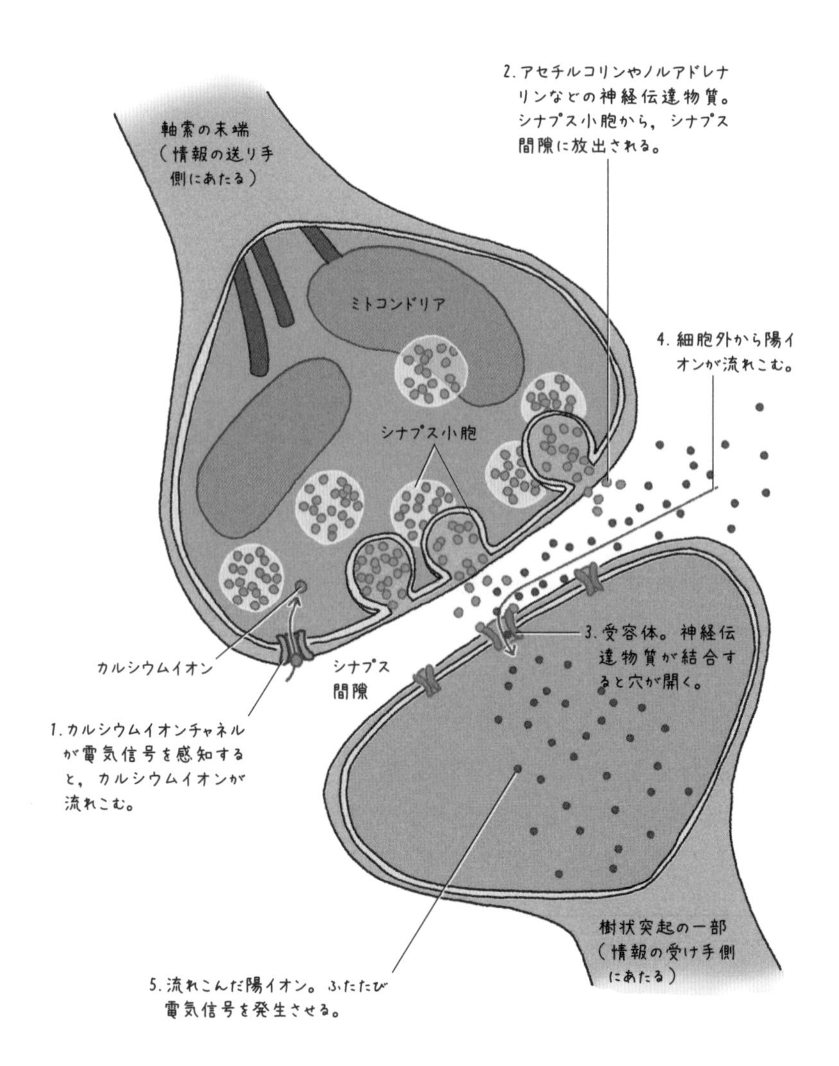

神経の情報を伝えるさまざまな物質

さて，今お話ししたように，神経は，電気信号と化学信号の2種類の方法を使って，情報を伝達しています。シナプス間で情報伝達を担う化学物質の総称が，**神経伝達物質**です。

自律神経のはたらきを知る，重要な鍵の一つですね！

その通りです。
ここで，自律神経にかかわる神経伝達物質について見ていきましょう。

お願いします。それにしても，あまりにもすごい情報伝達のしくみで，驚きましたよ。

すごいでしょう。
さて，神経伝達物質は，全体で**50〜100種類**もあり，中でも20種類がとくに重要なはたらきを担っていると考えられています。

そんなにたくさんの種類があるんですね。

そうなんですよ。
神経伝達物質は，**アセチルコリン**，**アミノ酸**，アミノ酸に由来する**アミン**，アミノ酸から合成される**ペプチド**などの化学物質のカテゴリーに分類されます。

アミノ酸系の神経伝達物質には，**GABA**（γ-アミノ酪酸），**グルタミン酸**，**グリシン**が含まれます。
一方，アミン系の神経伝達物質は，**ノルアドレナリン**，**アドレナリン**，**ドーパミン**，**セロトニン**，**ヒスタミン**が知られています。
シナプスで放出されたこれらの神経伝達物質を受け取るのが，神経細胞や樹状突起上にある受容体で，受容体は，特定の伝達物質のみを受け取るしくみになっています。

なるほど。関係のある神経伝達物質だけを受け取るしくみになっているわけですね。

そうなんです。神経伝達物質のうち，自律神経に関係する神経伝達物質は，主に**アセチルコリン**と，**ノルアドレナリン**です。まずはアセチルコリンから見ていきましょう。
アセチルコリンは，一般的に，運動神経や副交感神経から放出されます。副交感神経では，心臓のはたらきを抑えて心拍数を下げたり，消化機能を活性化させたりしています。

体を安静にする方向にもっていくんですね。

そうです。
さらに，アセチルコリンは，脳内では血流の増加や脳の活性化を促すはたらきをしています。このため，記憶や学習にも重要な役割を果たしているといわれますね。

アセチルコリンは，仕事や勉強のためにも大切な神経伝達物質なんですね。

ちなみに，アセチルコリンは，世界ではじめて見つかった神経伝達物質なんですよ。1921年にドイツの薬理学者**オットー・レーヴィ**（1873〜1961）による，カエルの心臓を用いた実験をきっかけに，その役割が判明したんです。この功績により，レーヴィと，共同の研究者であるイギリスの薬理学者**ヘンリー・ハレット・デール**（1875〜1968）は1936年にノーベル医学生理学賞を受賞したんです。

オットー・レーヴィ
（1873〜1961）

ヘンリー・ハレット・デール
（1875〜1968）

レーヴィの実験までは，シナプスにおける情報伝達が化学的なものか，電気的なものか，それ自体がわかっていなかったんです。

アセチルコリンは，脳神経科学の発展に大きく寄与した神経伝達物質なんですね。

さて，一方の交感神経の末端からは，ノルアドレナリンが分泌されています。
ノルアドレナリンは，緊張や不安などで強い精神的・肉体的ストレスとなり，交感神経が亢進するときに放出される物質で，血管を収縮させ，心臓のはたらきを高め心拍数を上げ，体を闘争や逃走に備えて活性化させるはたらきがあります。

戦闘モードは，ノルアドレナリンのはたらきというわけですね。

そうです。さらにノルアドレナリンは，脳内では長期記憶にもかかわっています。また，副腎という器官自体からアドレナリンとともに分泌されることもあります。

ふむふむ。ホルモン的な役割もあるんですね。

ちなみに，ノルアドレナリンは，1946年に2番目の神経伝達物質として発見されました。発見したスウェーデンの薬理学者，生理学者のウルフ・フォン・オイラー（1905〜1983）は，イギリスの薬理学者，生理学者のベルンハルト・カッツ（1911〜2003）とともに，1970年にノーベル生医学生理学賞を受賞しています。

すごい！　ともにノーベル賞を受賞しているんですね。

ポイント！

自律神経にかかわる神経伝達物質

アセチルコリン……副交感神経から放出。
心臓のはたらきを抑制する。心拍を下げる。
また，消化機能を活性化する。
脳内では，血流増加や脳の活性化（記憶や学習）にも関与する。

ノルアドレナリン……交感神経から放出。精神的・肉体的ストレスを感じたときに放出される。血管を収縮させ，心臓のはたらきを高める。心拍を上げる。
脳内では，脳の活性化（長期記憶）や，感情にも関与する。
内分泌系につながり，副腎からアドレナリンの分泌をうながす。

ノルアドレナリンとアドレナリンは似ているがちがう

先生，ちょっと気になるのですが……。アドレナリンとノルアドレナリンは名前が似ていますけど，どうちがうんですか？

お，いいところに気づきましたね。
先にお話ししたように，ヒトの体の自律機能は，自律神経のほかにもう一つ，**ホルモン**によっても調節されているんです。
ここで，自律機能にかかわるしくみの一つ，**内分泌系**もご紹介しましょう。内分泌系は，**ホルモン**を分泌します。ホルモンとは，先ほどお話ししたように，血管を通って特定の器官や細胞に影響をあたえる物質の総称です。
すばやく情報を伝える神経系を有線電話だとすると，ゆっくり伝える内分泌系は郵便といえるでしょう。しかし，ホルモンは非常に微量ではたらくのが特徴で，50メートルプールにスプーン1杯のホルモンを入れただけで作用するといわれるほどなんですよ。

そんなにですか！　ゆっくりだけど効果はてきめん，という感じですね。

そうですね。ヒトの体には，ホルモンを分泌する細胞がいろいろな器官に存在します。ホルモンの分泌を専門とする器官は，視床下部直下にある**下垂体**や，のどのあたりにある**甲状腺**，腎臓の上にある**副腎**などがあります。

また，ホルモン分泌以外の機能をもつ器官の中にも，その一部がホルモンを分泌するはたらきをもっている場合があります。たとえば，膵臓の中に散在するランゲルハンス島は，血糖値を調整するホルモンを分泌します。また，生殖器の中の卵巣や精巣は，**性ホルモン**を，胃は胃酸の分泌を促進する**ガストリン**というホルモンを分泌しています。

ホルモンはいろいろなところから分泌されるんですね。

そうですね。中でも下垂体は，**刺激ホルモン**とよばれる数種類のホルモンを分泌することで，はなれたところにある別のホルモン工場のはたらきをあやつります。
そういう意味で，下垂体は，内分泌系の司令塔ともいえる器官です。

すごい！

さて，内分泌系の中で，自律神経と特に関係があるのは**副腎**です。
副腎は，**皮質**と**髄質**の2層で種類のことなるホルモンを分泌しています。
外側の**皮質**からは，間接的に血圧を上昇させる**アルドステロン**，血糖値を上げたり炎症をしずめたりする**コルチゾール**，性ホルモンの**アンドロゲン**が分泌されます。
一方，内側の**髄質**では，心拍数や血圧を上げたりする**アドレナリン**が分泌されます。
これらのホルモンは内外から受けるストレスに応じて放出されて，体内環境の調整に重要な役割を担っています。

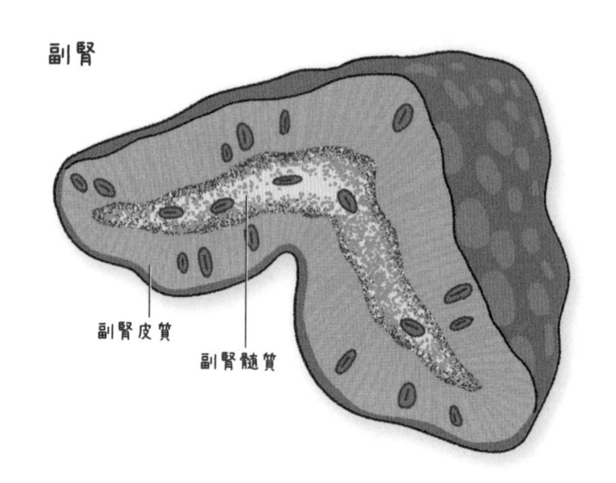

基本的にノルアドレナリンは神経伝達物質で，アドレナリンはホルモンなんですね。

そうですね。ノルアドレナリンとアドレナリンは，よく似た化学構造をもつ物質なので，名前が似ているんです。いずれも強いストレス刺激として脳が感知した際に放出され，体が「闘争あるいは逃走」の状態に入るよう準備します。
ノルアドレナリンは主に血管を収縮させることで血圧を上昇させます。
これに対して，アドレナリンは，主に心臓の収縮力を増大させたり，心拍数を増加させます。そして，両者に共通した作用として，肝臓でブドウ糖を産生します。
しかし，先ほどお話ししたように，**ノルアドレナリンは脳から分泌されるので，脳内でも作用します。しかし，アドレナリンは脳で作用することはありません。**

なるほど。微妙な違いがあるんですね。

交感神経と副交感神経は別ルート

さて，神経系や伝達物質についてお話ししたところで，あらためて**交感神経**と**副交感神経**がどこにつながり，どのような作用をするのかをご説明しましょう。

込み入っていてクラクラしています……。

ハハハ！　なかなか複雑ですからね。
ではゆっくり交感神経から見てみましょう。
交感神経は，脊髄（胸髄と腰髄）から各臓器へとつながっています。
脳がストレス刺激として感知すると，視床下部からの指令が交感神経を伝わり，自律神経節を経て脊髄（胸髄と腰髄）に届き，そこから目的の末梢器官や組織へ届けられるのです。

ふむふむ。

具体的には，**目**，**汗腺**，**気道**，**心臓**，**肺**，**肝臓**，**消化器**，**膀胱**，**生殖器**，**血管**です。
このルートでは，脊髄から自律神経節までの伝達を節前ニューロン，自律神経節から各器官への伝達を節後ニューロンが担うのでしたね。

節前と節後では，伝達速度がちがうんですよね。

その通りです。節前では秒速100メートルほどですが，節後からは秒速1メートルほどの速度になります。

それではもう一方の，副交感神経を見てみましょう。
副交感神経は，**脳幹と脊髄（仙髄）から各臓器へとつながっています。**
脳の視床下部からの指令は，副交感神経を伝わり，自律神経節を経て脳幹と脊髄（仙髄）に届き，そこから，交感神経とは別なルートで，目的の末梢器官や組織へ届けられます。具体的な末梢器官や組織は，交感神経と同じです。

つながっている場所は同じだけど，ルートがちがうんですね。

そうです。また，**副交感神経の節後ニューロンは，それぞれが一つの器官に接続しています。**
交感神経の場合，節後ニューロンの行き先が枝分かれして複数の器官につながっているため，体の広い範囲に作用があらわれますが，副交感神経では，つながった器官にのみ作用があらわれるという特徴があります。

ポイント！

副交感神経……脳幹と脊髄（仙髄）から各末梢器官へとつながる。

交感神経……脊髄（胸髄と腰髄）から各末梢器官へとつながる。

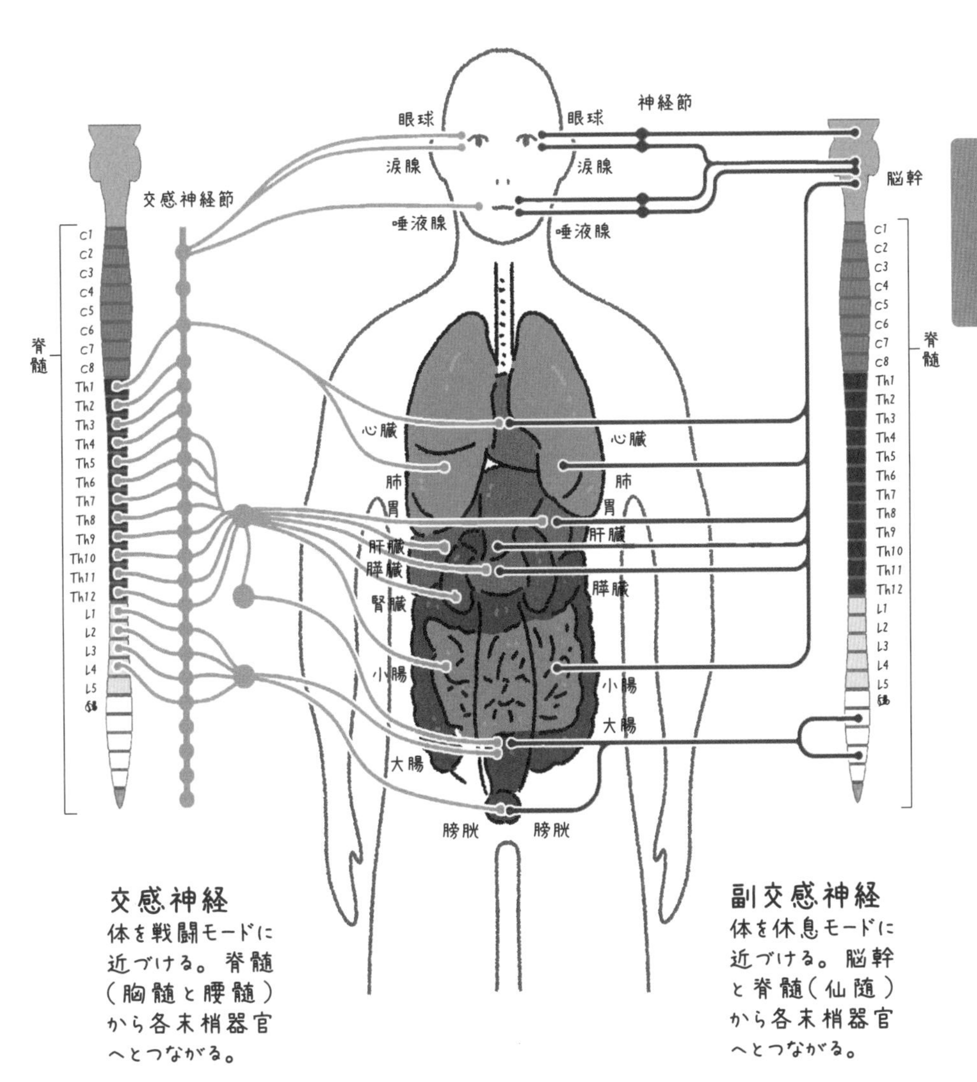
眼球
涙腺
唾液腺
交感神経節
神経節
脳幹
脊髄
C1 C2 C3 C4 C5 C6 C7 C8
Th1 Th2 Th3 Th4 Th5 Th6 Th7 Th8 Th9 Th10 Th11 Th12
L1 L2 L3 L4 L5
心臓
肺
胃
肝臓
膵臓
腎臓
小腸
大腸
膀胱
交感神経
体を戦闘モードに近づける。脊髄（胸髄と腰髄）から各末梢器官へとつながる。
副交感神経
体を休息モードに近づける。脳幹と脊髄（仙随）から各末梢器官へとつながる。

交換神経と副交感神経は正反対のはたらきをする

自律神経を構成する交感神経と副交感神経の経路についてお話ししました。ここで，自律神経のはたらきの**大きな特徴**について見てみましょう。

すごく気になります！　一体どんな特徴があるんでしょう。

先ほど，**交感神経と副交感神経は，それぞれがことなるルートで同じ臓器に接続しているとお話ししました。**

同じ臓器にそれぞれの神経が別なルートでつながっているわけですね。

そうなんです。たとえば心臓の場合，交感神経は，脊髄の中の**胸髄**という部位から出て，心臓へ接続しています。一方，副交感神経は，大脳を支える幹にあたる**脳幹**というところから出て，心臓に接続しているんです。
このように，一つの臓器に2種類の神経がつながっていることを**二重支配**といいます。

二重支配，ですか。

また，それだけではなく，**それぞれが一つの臓器に対して正反対の作用をおよぼしているんです。**つまり，交感神経は心臓に対して心拍を増やすように，副交感神経は心拍を減らすように作用するわけですね。

このように，相反する作用の神経によって調節することを**拮抗支配**といいます。
つまり自律神経は，臓器に対して拮抗的な二重支配をしているのです。

すごい構造ですね。もしかしてこれが，闘争モードと安静モードの切りかえに通じているとか……？

その通りです。**脳からの指令はこの二つの神経に届き，作用を強めたり弱めたりといった調節を瞬時におこなっているのです。**

なるほど……。

次のページのイラストは，交感神経と副交感神経の拮抗支配の様子をえがいたものです。

ポイント！

自律神経は，交感神経と副交感神経が一つの臓器にそれぞれ別ルートでつながり（二重支配），拮抗的に支配している。

二重支配……一つの臓器に対して2種類の神経がつながっていること。

拮抗支配……一つの臓器につながった2種類の神経が，相反する作用をおよぼすこと。

自律神経は，臓器を二重支配・拮抗支配している

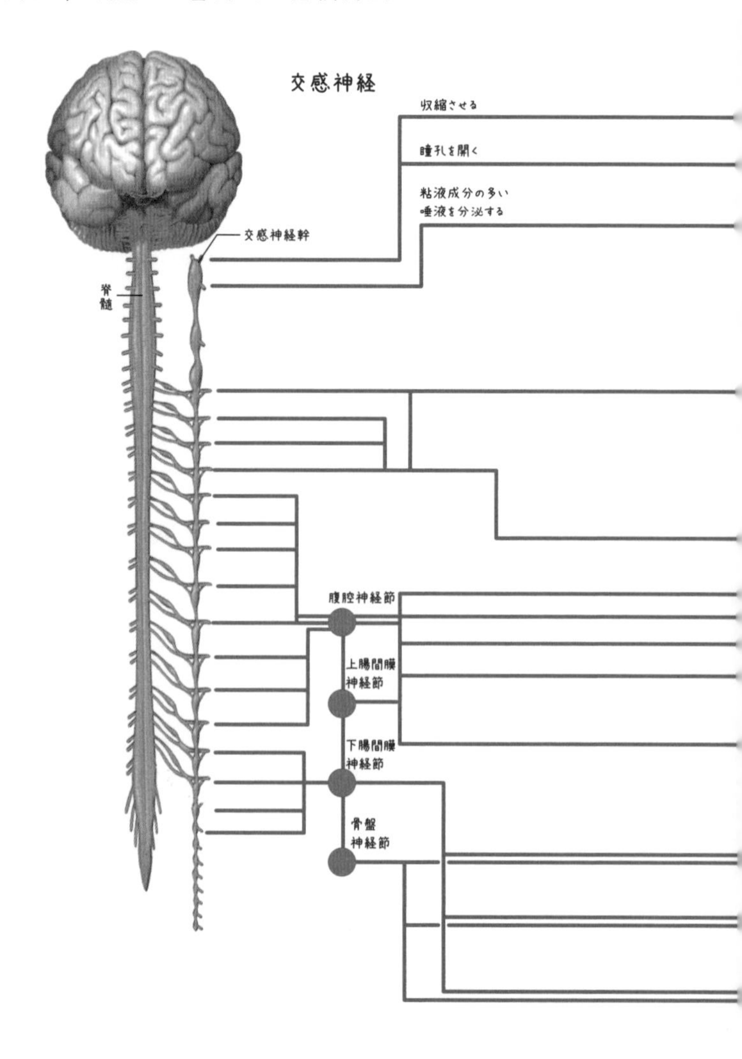

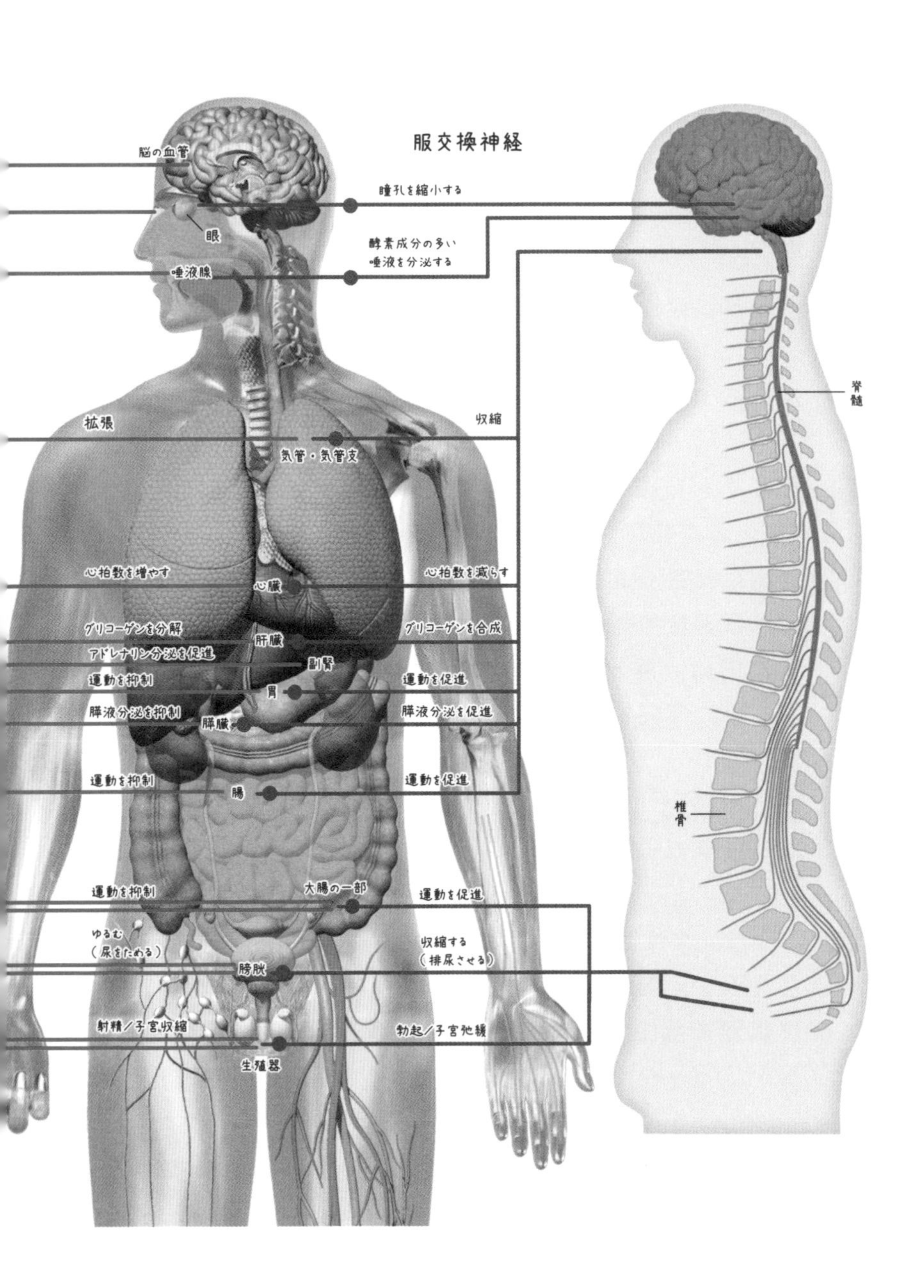
服交換神経
脳の血管
眼
瞳孔を縮小する
酵素成分の多い
唾液を分泌する
唾液腺
拡張
収縮
気管・気管支
心拍数を増やす
心臓
心拍数を減らす
グリコーゲンを分解
肝臓
グリコーゲンを合成
アドレナリン分泌を促進
副腎
運動を抑制
胃
運動を促進
膵液分泌を抑制
膵臓
膵液分泌を促進
運動を抑制
腸
運動を促進
運動を抑制
大腸の一部
運動を促進
ゆるむ
（尿をためる）
収縮する
（排尿させる）
膀胱
射精／子宮収縮
勃起／子宮弛緩
生殖器
脊髄
椎骨

腸は自前の自律神経系をもっていた！

ここまで，自律神経の二つの神経である交感神経と副交感神経について話してきました。
最後に，0時間目で少し触れましたが，私たちの体にもう一つ備わっている，独自の自律神経系についてお話ししましょう。
消化器に存在する**腸管神経系**です。

ああ！　そうでした。よろしくお願いします！

そもそも自律神経系という言葉がつかわれはじめたのは1898年ごろのことです。
当時は交感神経系と副交感神経系，第3の自律神経といわれる腸管神経系の存在が知られていました。
現在では，腸管神経系は脳や脊髄につながっていない，腸の中に存在する自律神経であると想定されています。

第3の自律神経！　中枢を通さないなんて，かなり独自ですね。

そうなんですよ。
ちなみに，自律神経系を交感神経系，副交感神経系および腸管神経系に分類したのはイギリスの生理学者**ジョン・ニューポート・ラングレイ**（1852～1925）です。

腸管神経系は，どのような役割を担っているんですか？

胃，十二指腸，小腸，大腸などの消化管は，食道から直腸までの消化管壁の筋肉（平滑筋）のリズミカルな収縮運動（蠕動運動）によって，口から入った食べ物ものを消化・吸収しながら肛門へと運んでいく器官です。
腸管神経系は，その消化管の壁などに存在する神経ネットワークなのです。

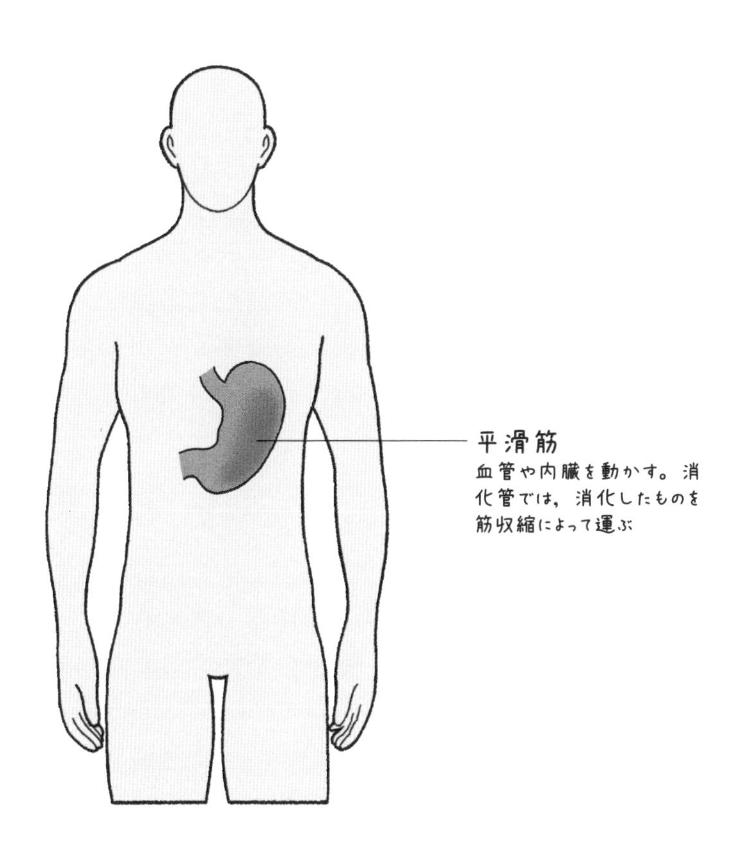

消化管の中にあるんですか。場所もかなり独特ですね。

ええ。腸管神経系では，腸管の筋肉と筋肉のあいだにある神経叢（そう）（神経細胞が集まっている場所）と，粘膜層の下にある神経叢の二つの神経叢が，**交感神経系や副交感神経系と連携しながら，消化管の蠕動運動や粘膜における水や，電解質の制御を，中枢神経系を介さずに自律的におこなうことができているようなんです。**

中枢神経を介さないで独自にはたらくって，すごくないですか？

腸管神経系を構成する神経細胞の数は1億とも10億ともいわれており，これは中枢神経である脊髄に存在する神経細胞の数に匹敵します。
さらに腸管神経節には，神経細胞とグリア細胞が存在します。グリア細胞は脳などに多く存在する細胞で，このことからも，腸は中枢神経系と構造も似ていることがわかります。

何だか，脳みたいですね。

そうなんです。通常，感覚器の末梢神経で検出した情報は中枢に伝えられ，脳での判断をもとに，末端の筋肉などの動きがコントロールされます。**しかし腸管神経系では，消化管で感知した物理的・化学的な変化の情報はその場で統合され，脳の判断を経ずに消化管の平滑筋を動かして蠕動運動をさせたり，粘膜から分泌液や消化液を産生したりすることができるのです。**

このような独立した機能をもつため，腸管神経系は，**第二の脳**あるいは**小さな脳**などとよばれることもあります。

へぇ！　腸もかなり独特な器官なんですねえ。

そうですね。とはいえ，腸管神経系のすべてが中枢神経を経ずに独自にはたらいているわけではなく，交感神経や副交感神経を介して中枢神経系と情報のやりとりもおこなっています。

そうなんですか？

あなたは学生時代，試験の最中にお腹が痛くなったことはありませんか？

ありますあります！　受験のときでしたけど，試験中にお腹が痛くなって大変でしたよ。

急激なストレスで交感神経のはたらきが活発になると，それにともなって副交感神経のはたらきが抑えられ，消化・吸収機能が抑制されるわけですね。
人前でのプレゼンや試験前などに急にお腹が痛くなったりするのも，心が感じた過度な緊張がストレスとなって，交感神経と副交感神経のバランスが崩れることで引きおこされると考えられるのです。

なるほど～！　腸管神経系が交感神経と副交感神経を介して中枢神経と情報のやりとりをしているから，強いストレスでお腹が痛くなったりするわけか。

そうです。また，腸には免疫細胞も多く存在します。このため，強いストレスで免疫機能の低下につながると考えられています。
このように，脳と腸がお互いに密接に影響をおよぼし合うことを**脳腸相関**とよんでいます。

脳と腸ってはなれているから，このように，関係しているなんて目からうろこです。

さらに近年，腸管神経系が，セロトニンやドーパミンなどの神経伝達物質をつくるはたらきをしていることもわかってきました。
セロトニンのはたらきと関連するとされるうつ病や，ドーパミンのはたらきに関連するとされるパーキンソン病など，一般的に脳・神経の病気だとされてきたこうした病気にも，腸が大きくかかわっている可能性が指摘されています。

腸って，重要な器官なんですね。

STEP 2

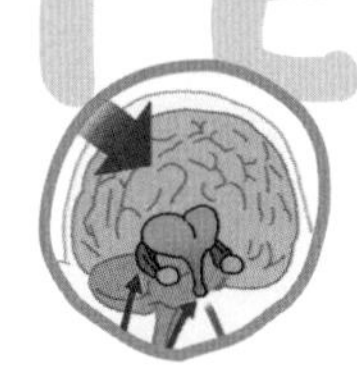

自律神経はどうやってはたらく？

自律神経は，強いストレスがあると，どのように反応して体を守ろうとするのでしょうか？　そして，そのはたらきは，私たちの体にどのような作用をもたらすのでしょうか。

ストレス反応がおきるしくみ

STEP1で，神経系および自律神経の構造，自律神経にかかわる神経伝達物質やホルモンについてご紹介しました。かなり複雑でしたが，自律神経のしくみについて，おわかりいただけたでしょうか？

かなり複雑でした……。
でも，自律神経の体の中での位置づけや，いろいろな要素が連携してはたらいていることがよくわかりました。

それはよかったです。
それではSTEP2からは，ストレスのプロセスの中で自律神経がどのように反応するのか，また，自律神経は私たちの体にどのような影響をおよぼしているのかについて，くわしく見ていきましょう。

お願いします！

次のイラストは，自律神経と内分泌系それぞれの，**ストレス反応**をあらわしたものです。

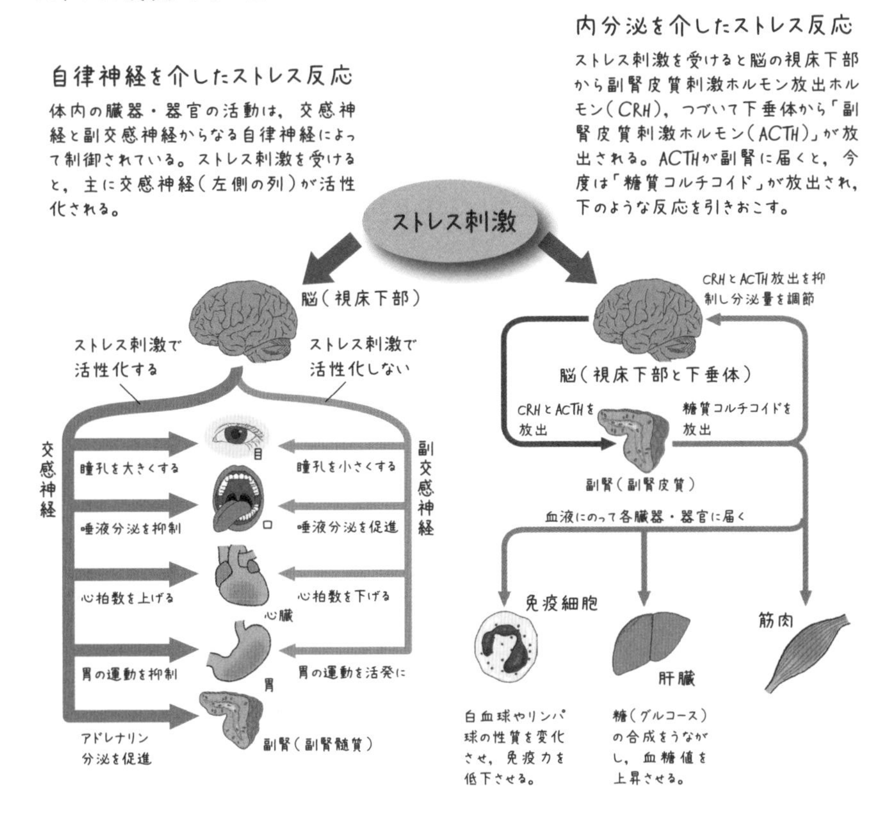

自律神経の方は，「瞳孔が開く」とか「唾液が出る」とか，瞬発的な感じで，内分泌系はジワジワ作用する感じですよね。

そうですね。自律神経は，神経伝達物質によるすばやい伝達であるのに対し，内分泌系はホルモンの分泌による，ゆっくりとした伝達です。

自律神経が電話だとしたら，ホルモンは郵便による伝達だとおっしゃってましたね。

その通りです。
まずは，自律神経の反応を追ってみましょう。
ストレス刺激を受けたとき，自律神経ではまず，交感神経がはたらきます。そして，**心拍数**や**血圧**の上昇，**気管支**の拡張などが引きおこされ，運動機能が向上します。
交感神経の反応は，ストレス刺激に遭遇して**数秒以内**におきます。

速い！

一方，内分泌系を見てみましょう。内分泌系の器官の一つに**副腎**があります。副腎は，外側の皮質と内側の髄質から構成されています。
皮質は脳から分泌されるホルモンに，髄質は交感神経によって，それぞれ調整されています。
この二つのはたらきにより，ストレス時に**副腎**からホルモンが分泌されます。

副腎といえば**アドレナリン**と**ノルアドレナリン**でしたね！

その通りです。強いストレスがあると，副腎につながる交感神経が副腎髄質に作用します。すると，副腎髄質から**カテコールアミン**とよばれる，アドレナリンを主とした数種類ものホルモンが大量に分泌され，全身にいきわたります。

大量にですか。

そうです。アドレナリンは，交感神経の反応と相まって，心臓の**収縮力**を増やしたり，**気道**を拡張したり，**血糖値**を上げるなどの作用をおよぼします。
その結果，体はふだんよりも大きな力を発揮できるようになるのです。**火事場の馬鹿力**って聞いたことがあるでしょう？

追いつめられたり，危機的状況におちいったときに，ふつうでは考えられないような力を発揮するみたいなことですよね。

その通りです。実は火事場の馬鹿力の秘密はこの，副腎髄質からのアドレナリンの大量分泌と考えられているんですよ。
このしくみは**闘争－逃走反応**（Fight and Flight response），もしくは**交感神経－副腎髄質系**とよばれ，ストレス時に起動するシステムの一つです。

火事場の馬鹿力って，本当だったんですね……。

そうなんです。山道でクマに遭遇したとか，車にぶつかりそうになったなど，**一過性のストレスに対しては，今お話しした交感神経の作動を起点とする反応がおこり早急に対処します。**
一方で，長時間労働が続くとか，満員の通勤電車で毎日通勤するなど，**ストレスが一過性ではなく，慢性的にかかる状況に対しては，交感神経を介さない，内分泌系の反応もおこります。**

ストレスの性質によって反応が変わるんですか。

そういわれています。持続的なストレス下では，副腎が肥大して，副腎皮質から糖質コルチコイドの一種である**コルチゾール**というホルモンが分泌されることが知られています。

コルチゾールって，前に少しお話がありましたね。

コルチゾールは，血糖値を上げ，炎症や免疫を抑える作用をもち，体がストレスに耐えられる状態をつくりだせるようにします。
コルチゾールはストレスに関係することから**ストレスホルモン**，または**ステロイドホルモン**とよばれます。

炎症をおさえるステロイド剤なら聞いたことがあります。

そう，そのステロイドです。コルチゾール分泌までの流れを追ってみましょう。
ストレス刺激を受けると，脳にその情報が伝えられます。すると，脳の視床下部で**副腎皮質刺激ホルモン放出ホルモン（CRH）**がつくられます。

しげきほるもんほうしゅつほるもん？
一体何ですかそのホルモンは。

ハハハ！ **「副腎皮質を刺激するホルモンを放出させるホルモン」**ということですね。
さて，CRHが分泌されると，脳の下垂体で**副腎皮質刺激ホルモン（ACTH）**というホルモンがつくられます。

ストレスホルモン（コルチゾールなど）が全身に広がるしくみ

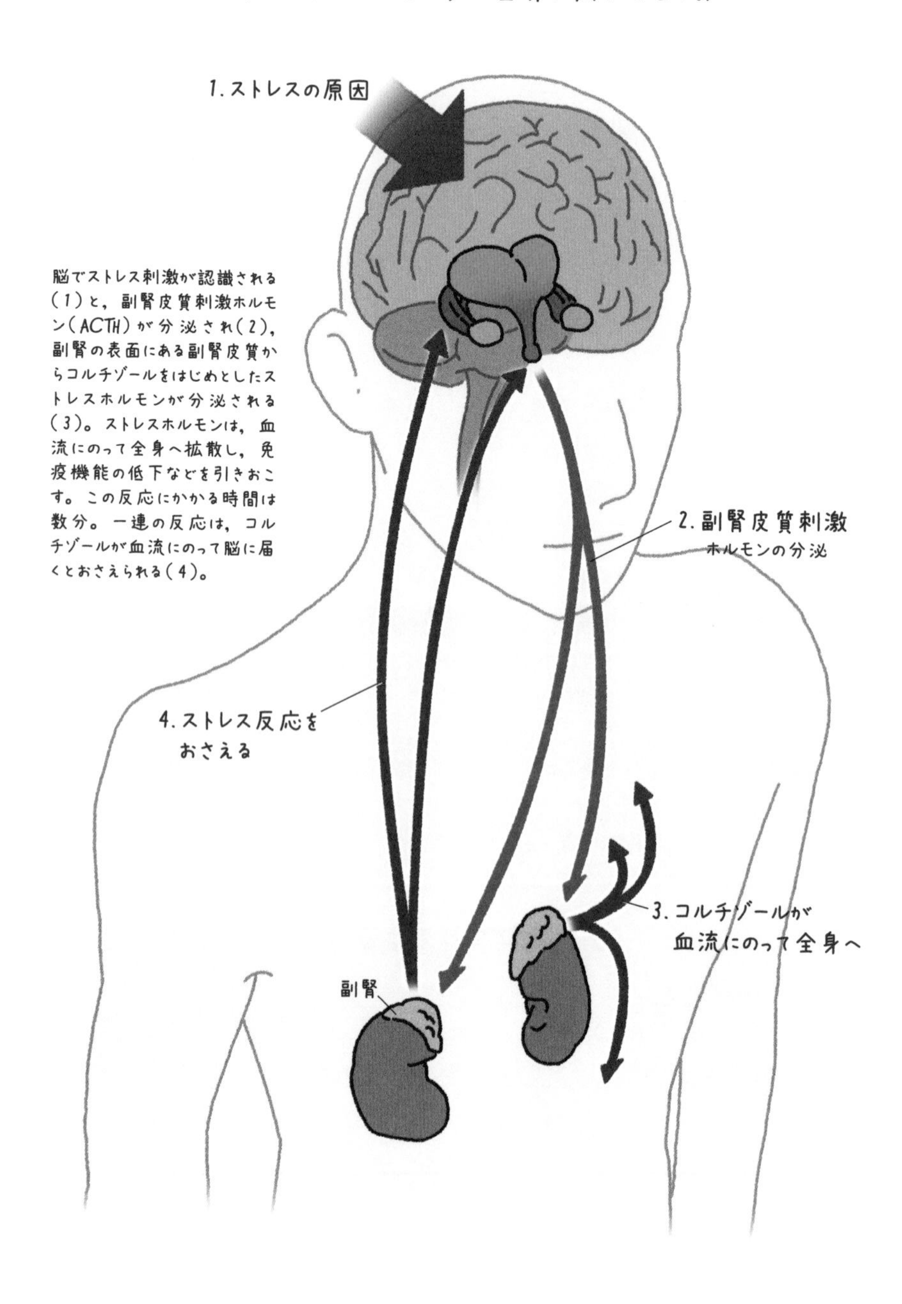

さらに，下垂体で刺激をうながすホルモンがつくられるわけか……。下垂体は内分泌系の司令塔でしたね！　下垂体は刺激ホルモンを放出して，はなれた場所のホルモン分泌をコントロールするってお話でした。

その通りです！　つまり，視床下部から下垂体を刺激するホルモンが出る→下垂体が刺激される→副腎皮質を刺激するホルモンを出す→副腎皮質が刺激される→コルチゾールが分泌される，という流れです。

伝言ゲームみたい！

こうして「CRHの分泌→ACTHの分泌」により，最終的に副腎皮質でコルチゾールが生成され，血中に分泌されます。このしくみを**視床下部－下垂体－副腎皮質系（HPA軸）**とよびます。
こうした内分泌系の反応は，神経系の反応よりもゆっくりですが，持続的に作用する特徴があります。
そのため，強く長引くストレスに効果を発揮します。

へええ～！　そういうちがいがあるんですね。内分泌系のしくみには，自律神経は関係ないわけですか？

この反応は，脳とホルモンによるはたらきによって作動するものなので，自律神経の関与はないと考えられていました。ところが，実際には**副腎皮質ホルモンの一部の調整に自律神経がかかわっていることが明らかになっています。**

そうなんですか？

はい。ストレス刺激を受けた時に，CRHが脳内の神経系や交感神経にも作用して，神経系のストレス反応を引きだしていることがわかったのです。つまりCRH自体が神経伝達物質としてはたらく場合があるんですね。

ホルモンだけど，神経伝達物質のようにふるまうこともあるんですね。

そうみたいなんです。ストレス反応には，交感神経が臓器にいち早く作用する神経反応である**交感神経－副腎髄質系**と，脳の視床下部から放出されるCRHが起点となる内分泌系反応である**視床下部－下垂体－副腎皮質系**の二つがあるのです。

ポイント！

主なストレス反応には2種類ある！

交感神経－副腎髄質系……交感神経が起点となる神経反応。一過性のストレスに対応する。

視床下部－下垂体－副腎皮質系……CHRが起点となる内分泌系反応。強いストレスや長引くストレスに対応する。

しかし，こうしたストレス反応がおきる一方で，血液中の増えすぎたコルチゾールを抑制し，ストレスホルモンの量が過剰になりすぎないように調節する機能がはたらくこともわかっています。この機能は**ネガティブフィードバック**といいます。

そんな機能までついているんですか！

すごいでしょう。脳，自律神経，ホルモンはそれぞれの特徴を生かし，互いに連携し合いながら，ストレスの度合いや継続性に応じて適切な体の態勢をつくっているのです。

「自律神経のバランスが崩れる」ってどういう状態？

先生，こんなに絶妙なバランスをとる自律神経ですけど，自律神経がバランスを崩すって，具体的にどういう状況を指すんですか？

そうですね。これについては，**夏バテ**を例にするとよくわかると思います。
太陽が照りつける暑い戸外にいるとき，体は非常に強いストレス刺激を感じ，自律神経のバランスは交感神経が強まるほうに一気にかたむきます。胃腸の動きは弱まり，汗がダラダラと流れて，体は体温調節に力を注ぎます。

非常にしんどい状態ですね！

そのあと，ようやく帰宅し，エアコンの効いた涼しい部屋に入ります。
すると，ストレス源がなくなりますから，今度は副交感神経がはたらき，汗は止まり，胃腸の動きもよくなるはずですよね。

当然そうでしょう。

ところが，**変化の度合いが急激だと，体は急な温度変化に対応することができず，涼しい室内にいても交感神経がはたらき続ける異常な事態におちいってしまいます。**
1回くらいの温度変化ではバランスが崩れることはありません。しかしこうしたことが何度もくりかえされると，交感神経と副交感神経がうまく切りかわらなくなってしまうと考えられているのです。

ずっと戦闘モードのままになってしまうんですね。

その通りです。
通常は，昼間やストレスがかかった状態では，交感神経が優位に，夜間やリラックスした状態では副交感神経が優位になることが理想的ですよね。
ところが，たとえば常に昼夜逆転した生活を送っていたり，過剰なストレスがずっとかかった状態が続いていると，常に交感神経のほうにかたむいた状態となってしまうわけです。
これが，自律神経のバランスが崩れた状態です。

自律神経のバランスが崩れるとは？

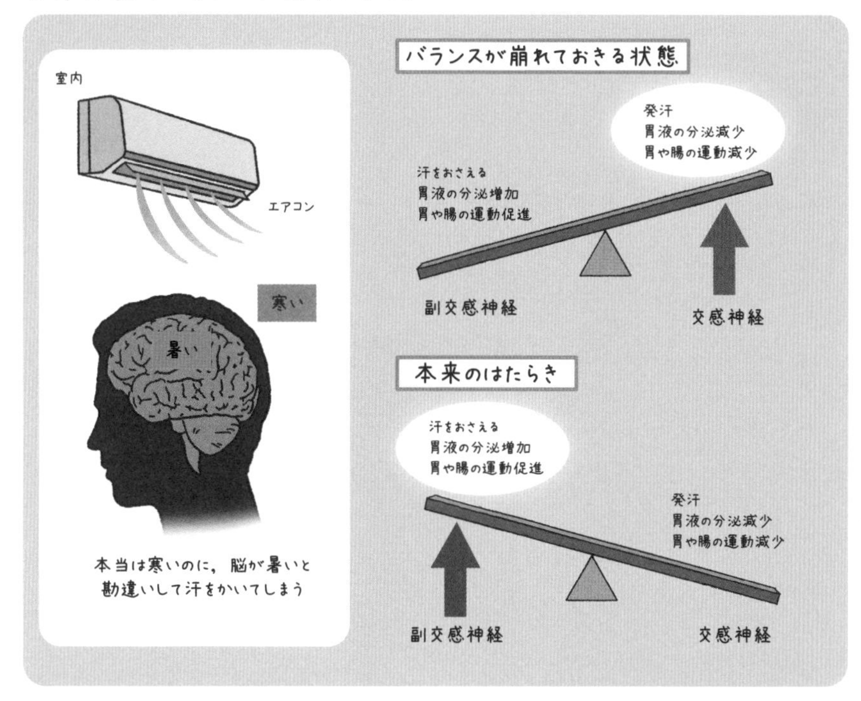

また，**胃腸**の場合，食べ物が体に入ると，副交感神経がはたらき，消化液の分泌を高めて，消化管の運動を促進します。しかし，交感神経は逆のはたらきです。

交感神経がはたらくと，食欲もなくなるし，消化活動も弱まるんですよね，すぐ逃げられるように。

そうです。ですから，自律神経のバランスが崩れていると，胃腸が本来はたらくべきときにうまく機能しなくなってしまうのです。

なるほど〜。だから便秘とかになるのか。

大腸のはたらきと自律神経の関係
大腸は1日に1度ほど，副交感神経のはたらきによって，
急激な蠕動がおきて排便する。自律神経が崩れると，
逆の作用がおきてしまい，便秘になる。

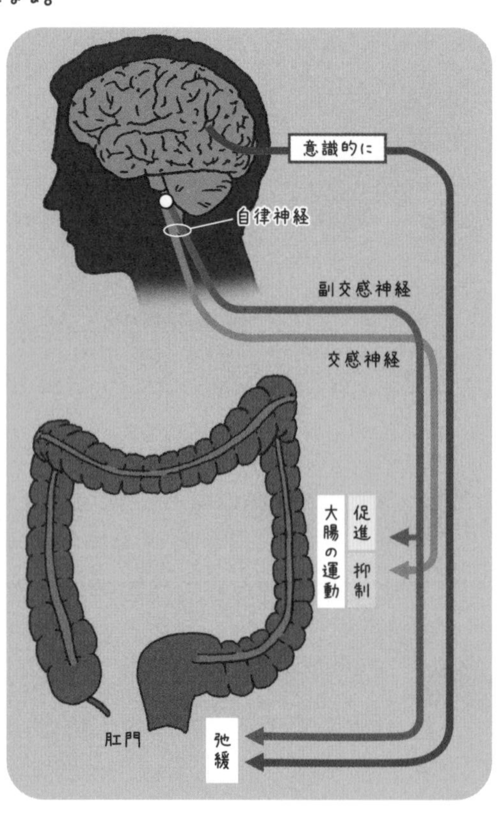

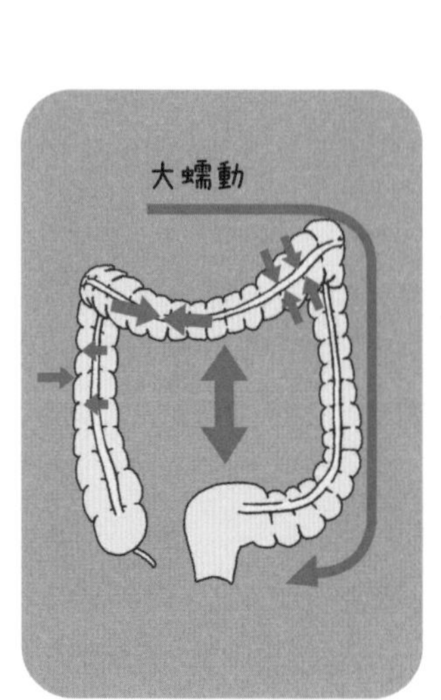

自律神経は，体内時計のリズム調整をしている

先生，自律神経がすごく重要であることがよくわかりました。戦闘モードになったり，それに備えるための休息モードに切りかわったり……。すごい仕事をしているんですねえ。

そうですね。でも，自律神経のはたらきが変わるのは，ストレス刺激を受けたときだけではないんですよ。実は1日の中でも常にゆっくりと変化しているんです。

何もしなくても交感神経と副交換神経のバランスが変わっているんですか？

はい。実は私たちには，**体内時計**といわれる，地球の自転周期である24時間に合わせた生体リズムが備わっているのです。

えっ，そんなすごい機能まであるんですか。

そうなんです。実際には，体内時計は24時間よりやや長いリズムをもち，毎朝リセットされています。
交感神経と副交感神経は，この生体リズムにも深く関与しており，この時計の1日のリズムに合わせて，はたらき方を変化させているんです。
体内時計については，あとからくわしくお話ししますね。

へえぇ〜！　体内時計のはたらきによって自律神経はコントロールされているんですね。

その通りです。残念ながら，自律神経を直接測る方法はないのですが，心拍リズムを測ることで，自律神経の活動をある程度，推測することができます。
健康な人の場合，心拍は安静にしていても一定ではなく，速くなったり遅くなったりしています。その心拍の**ゆらぎ**を解析することで，心臓の自律神経のはたらきを調べることができるとされています。

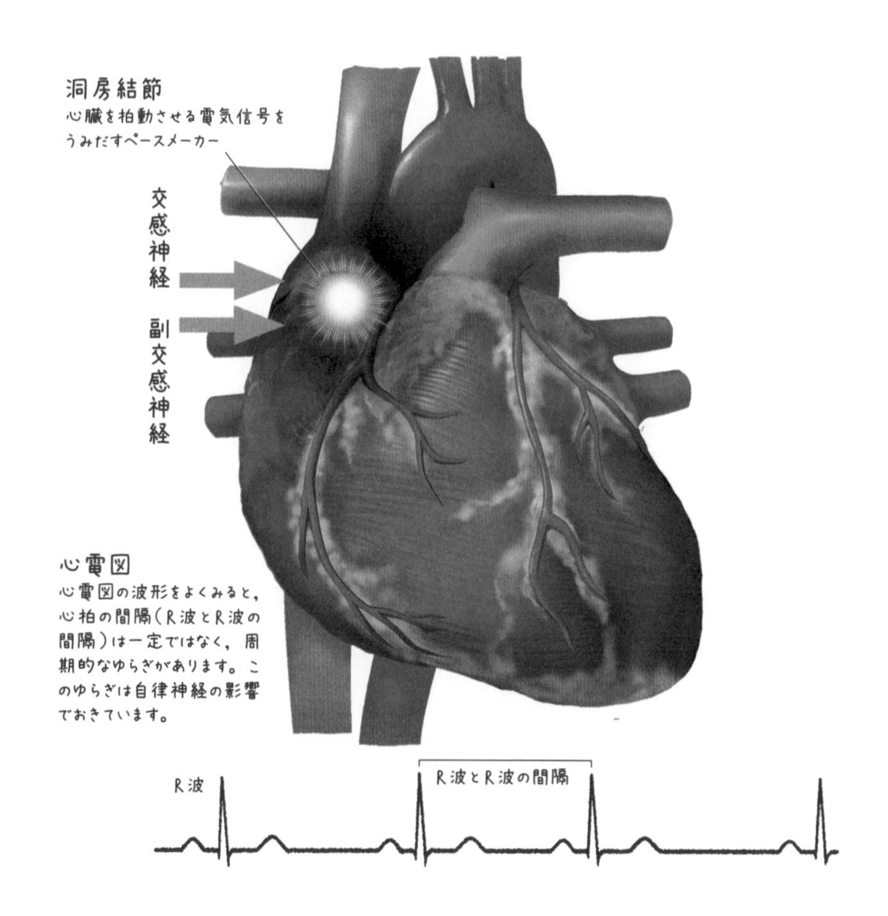

なるほど。

次のページのグラフは，1日の心臓の交感神経と副交感神経のはたらきを解析した結果をもとに作成されたグラフです[※1]。このグラフから，**交感神経の活動は日中に強まり，副交感神経の活動は夜間に強まることがよくわかります。**

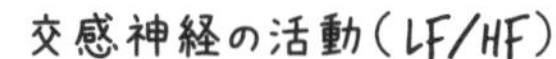

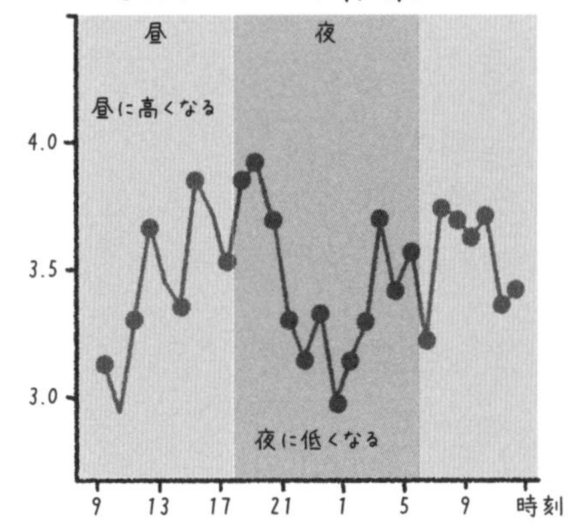

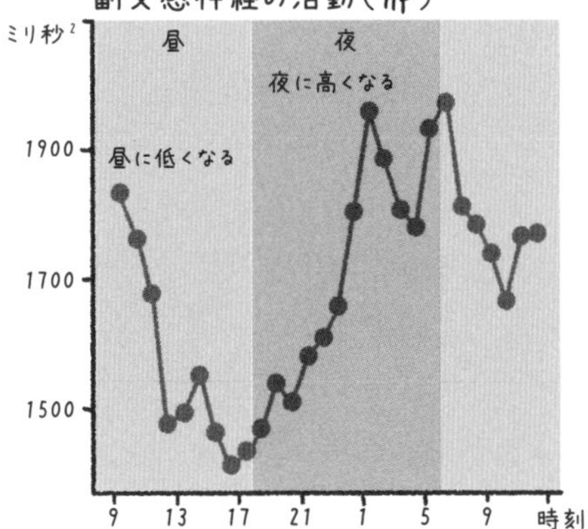

※1：V andewalle G et al., J Sleep Res. 2007Jun；16（2）：148-55. doi：10.1111/j.1365-2869.2007.00581.x.

本当だ……。先生，自律神経は体内時計のリズムに従って変化しているということですが……，でも，体内時計のリズムってどうやってつくられているんですか？

おおっ！　とってもいい疑問ですね。
実は体内時計の中枢は，脳の視床下部にある**視交叉上核**（しこうさじょうかく）という場所にあり，そこでリズムがつくられているのです。

しこうさじょうかく，ですか。

そうです。そこでつくられたリズムは，神経を通じて，自律神経に伝えられます※2。このしくみによって，交感神経の活動は日中に強まり，夜間から早朝にかけて弱まるという周期がつくりだされ，一方の副交感神経の方は，日中弱く，夜間強まる周期がつくりだされると考えられています。

うーむ。やっぱり体内時計のリズムは脳でつくられて，それに自律神経が合わせているわけか。

このような自律神経の活動リズムは，血圧，心拍，体温などを日中で高くし，夜間から早朝にかけて低くします。逆に，消化や肝臓でのエネルギーの貯蔵（グリコーゲン合成）のはたらきなどは，副交感神経のはたらきが強まる夜間に高められるのです。

うまくできているんですねえ。

さらに，体内時計を介した自律神経のリズムは，ホルモンの分泌リズムにも関与します。たとえば，副腎髄質から出るアドレナリンは交感神経の活動に合わせて，日中に分泌量が高まり，夜間に低くなります。

自律神経は，体内時計の中枢からの指示を受けて，体の各器官にリズムを伝えているということですか？

はい，そうだと考えられています。実は，各器官には，個別の体内時計が存在することが知られています。**各器官の時計の針をそろえ，視床下部にある体内時計の中枢の“時間”に合わせる役割も自律神経が関与していることがわかっています。**※2。

ええ～!?

ちょ，ちょっとまってください。体内時計って1個だけじゃなくて，体の各器官にそれぞれあって，ぜんぶの時計の基準となるのが，視交叉上核でつくられる時計ってことですか。

じゃあつまり，自律神経は，中枢の時間に合わせて変化すると同時に，各器官の体内時計のリズムを整えてるというわけですか。

そういうことになりますね。ですから，**自律神経は，闘いと休息の切りかえのみならず，私たちの体全体のリズムをととのえるという，非常に重要な役割をになっているのです。**

※2：M ohawk JA et al., Annu Rev Neurosci.2012；35：445–462. doi：10.1146/annurev-neuro-060909-153128

自律神経は免疫系の調整にもかかわっていた！

先生，自律神経って本当にすごいしくみですね。体中の体内時計の針を調整してるなんて……そんなこと知りませんでしたよ。

すごいでしょう。でも自律神経には，ほかにもまだ重要なはたらきがあるんですよ。実は**免疫系**もまた，自律神経と密接な関係にあるんです。

免疫系，ですか。免疫というと，外から入ってきた病原体と戦ってくれるシステムですよね。
そういえば，「ストレスを感じると免疫力が落ちて風邪をひきやすくなる」とか聞いたことがあります。自律神経と免疫系って，どう関係しているんでしょう。

まず，免疫系についてお話ししましょう。
免疫系は，神経系と同様，さまざまな免疫細胞が高度に複雑なネットワークをつくり，体に細菌やウイルスなどが侵入すると，集団で戦って体を守るしくみです。

風邪をひいて熱が出るのは，細胞たちがウイルスと戦ってくれているからなんですよね！

そうですね。
免疫系は**白血球**という細胞で成り立っています。白血球と一口にいいますが，白血球には，敵を攻撃するはたらきをもつさまざまな種類の細胞があるんです。

そうなんですか。白血球って，1個の細胞名なんだと思っていました。

フフフ，ちがうんですよ。白血球には，主に細菌やウイルスなどを取り込んで消化するはたらきをもつ**食細胞**と，食細胞と協力して抗体をつくるはたらきをもつ**リンパ球**とに分類されます。
食細胞は，主にマクロファージ，樹状細胞，顆粒球（好中球，好酸球，好塩基球が含まれる）などがあり，リンパ球は，主にT細胞，B細胞，ナチュラルキラーT細胞などがあります。

そんなにたくさん！

外部から敵が侵入すると，これらの**白血球部隊**が活性化して敵に襲いかかり，敵を食べたり，仲間の免疫細胞をよび寄せたり，倒した敵から情報を取り込んで次回の侵入に備えるなど（抗体），一丸となってはたらくんです。

白血球ってすごい！
おどろくことばかりですよ……。でも先生，免疫と自律神経がどう影響するんですか？

ストレスの強い状態や危険にさらされたときには，アドレナリンやノルアドレナリンというホルモンが分泌されて交感神経が優位になり，逆に，リラックスした状態ではアセチルコリンというホルモンが分泌されて副交感神経が優位になるとお話ししましたね。

交感神経が優位の状態になると，免疫系では，食細胞の一つである顆粒球が活性化して増殖し，リンパ球が減少するんです。

顆粒球は，細菌やウイルスを食べてくれる細胞でしたね。

そうです。顆粒球は細胞の膜の表面に**アドレナリン受容体**をもっていて，そこからノルアドレナリンの情報を受け取って，活性化するんです。
通常，交感神経は昼間の活動的な時間帯に優位になります。**昼間の活動は，休んでいるときに比べてケガをする機会が多く，したがって細菌や寄生虫などの病原体が侵入する確率も高まります。そのために，顆粒球が活性化されるのではないかと考えられています。**

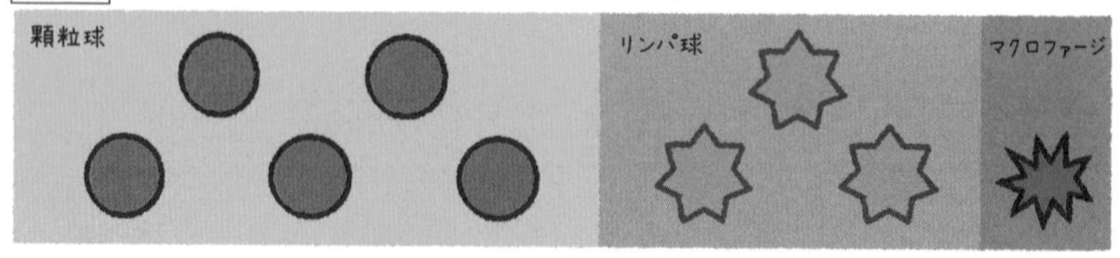

交感神経優位時　顆粒球の割合が増加

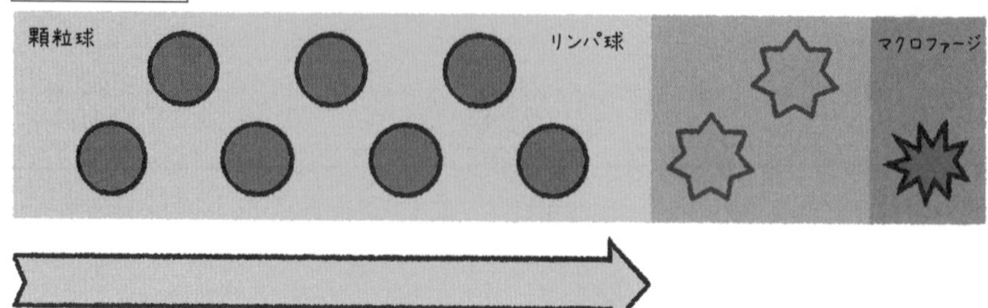

昼間は敵と遭遇する確率が高いから，備えるわけですか。

そうです。ただし，顆粒球は，体内に侵入した病原体を攻撃する際や，顆粒球が死滅する際に**活性酸素**を大量に放出することがわかっています。このため，顆粒球が増えると，体内の活性酸素も増加します。
活性酸素が増えすぎると，老化や動脈硬化，がんなどの発症を引きおこす可能性が高まると指摘されています。

うーん。多すぎてもよくないんですね。

次に副交感神経を見てみましょう。
副交感神経が優位のときには，リンパ球が活性化します。
リンパ球は表面にアセチルコリン受容体をもっていて，そこからアセチルコリンの情報を受け取ります。

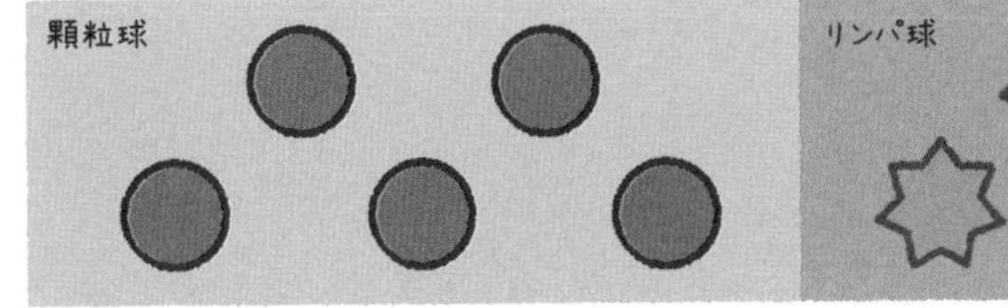

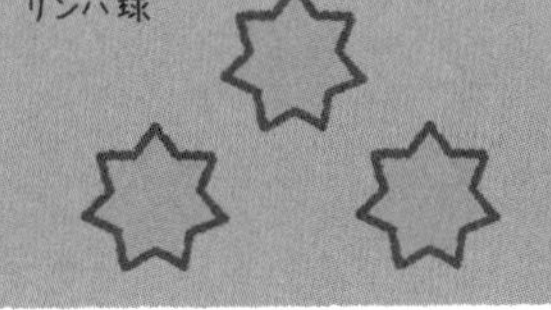

顆粒球と同じしくみですね。

そうです。リンパ球は，主に抗体をつくるグループです。副交感神経が優位になるのは，リラックスしたときや夜間の睡眠中です。**こうした時間帯にはケガのリスクが低いため，顆粒球ではなくリンパ球を活性化して，ウイルスの侵入に予防的に備えているのではないかと考えられています。**

へぇ～！　本当によくできていますね。

リンパ球は初期のがんを退治してくれるはたらきがあることも知られています。しかし，リンパ球の比率が高くなりすぎるとアレルギー症状が重症化したり，感染症にかかりやすくなったりすることが示唆されています。

うーん。顆粒球もリンパ球も，体を守ると同時に，多すぎるとリスクにもなるわけですね。むずかしいなあ。

その通りです。ですから，一定のバランスを保つことが重要なのです。
つまり自律神経は，このようにして免疫系の正しいバランスの維持にも同時に影響しているといえるのです。

ストレスは自律神経を介して免疫力を低下させる

先生，免疫も自律神経にかかわっていたなんて，意外です。でも一つ気になるんですが。**「ストレスで免疫力が落ちる」**って，どういうことなんですか？

そうですね，ストレスが慢性化すると，交感神経が必要以上に活性化され，ノルアドレナリンが放出されっぱなしの状態になりますよね。すると体は，高血圧，頻脈，不眠状態などにおちいってしまいます。
さらにノルアドレナリンが分泌されると，先ほどお話ししたように，顆粒球が活性化します。

そうでしたね。でも顆粒球が活性化するっていうことは，免疫力がアップするってことなんじゃないですか？

ところがですね，**ノルアドレナリンには，顆粒球以外の免疫細胞のはたらきを弱める作用があるんです。**

そ，そうなんですか！

たとえば，**樹状細胞**という免疫細胞があります。この樹状細胞はふだん血中や組織内をめぐっていて，病原体と遭遇すると，取り込んで食べたり，病原体情報をT細胞（リンパ球の一つ）に伝えるなどの任務を担っています。いわば，体内に侵入した病原体をいち早く見つけだし，有事の際にはすみやかに免疫系を発動する監視役のような細胞です。

ほほう。重要な免疫細胞ですね。

そうです。ところが樹状細胞はノルアドレナリンを受け取ると，数が減ってはたらきが弱まることが知られているんです。

それはまずいですね！　監視役の樹状細胞のはたらきが弱まったら，病原体が侵入しても免疫系が正常に動かなくなってしまいます！

それだけではありません。樹状細胞は，病原体と出合うと**炎症性サイトカイン**という物質を放出することで，周辺の免疫細胞に危険を知らせる役割も果たしています。

ふむふむ。警報を発するということですね。

しかし研究では，ノルアドレナリンが樹状細胞の炎症性サイトカインの分泌を抑制することも報告されており，この危険を知らせることができないことで免疫力低下につながると考えられます。
また，交感神経の優位が続くと，リンパ球の数も減ります。これらのことから，**ストレスのプロセスの中で交感神経が興奮することが病原体の排除をさまたげ，感染症の治癒を遅らせる可能性があるんですね。**

リンパ球もですか！
ストレスが免疫力を低下させるって，そういうことなんですね。

※参考文献：Akiko Naka i, Yuki Hayano, Fumika Furuta, et al. Control of lymphocyte egress from lymph nodes through β2-adrenergic receptors. J Exp Med (2014) 211 (13)：2583-2598. https://doi.org/10.1084/jem.20141132

現代社会では自律神経が仇になる!?

先生，私たちは，どんなストレスがあっても，ちゃんとそれに対応できるような機能をもっているわけなんですねえ。自律神経って本当にすごい。

ただし，現代に生きる私たちからすると，それが逆に問題になってしまう危険性もあるんです。

そんな！ なぜですか？

最近の研究で，ストレス反応が長期化すると，記憶に関係する脳の器官である海馬がわずかに萎縮するという研究結果が出ているんです。

どうしてそうなってしまうのですか？

本来，海馬では新しい神経細胞が生まれます。しかし，ストレスホルモンのコルチゾールは，新しい神経細胞の誕生を邪魔してしまう作用もあるため，その影響で海馬の萎縮を引きおこしてしまうと考えられているのです。

脳の一部が縮むなんて，おそろしいですね！

とはいえ，ストレスがおさまれば，神経細胞の生成は再開し，萎縮した海馬も元にもどることもあるとされています。

よかった……。

しかし，現代のストレスの原因は，山でクマに遭遇するような短期的なものよりも，仕事や人間関係など，長期間にわたるものがほとんどですよね。
それはつまり，長期的なストレス反応，つまりコルチゾールが出続けるという状態につながります。
ですから，ストレスが慢性化している現代社会では，私たちの健康にさまざまな影響が生じやすくなっていることが考えられるのです。

なるほど……。原始社会のストレスと現代社会のストレスはまるで異質なわけなんですね。

そうなんです。3時間目からは，ストレスがかかわる病気について見ていきましょう。

偉人伝❶

神経伝達物質アセチルコリンを特定した薬理学者，
オットー・レーヴィ

オットー・レーヴィは，1873年にドイツのフランクフルトに生まれました。レーヴィは，美術や哲学など人文科学に興味がありましたが，両親の希望もあり，1891年にフランスのストラスブール大学医学部に進学し，薬理学の道に進みました。卒業後，臨床医を経て1898年にマールブルク大学で薬理学の助手となり，その後1909年にオーストリアのグラーツ大学薬理学科の教授となりました。

夢をヒントに実験を実施

当時，シナプス間隙をどのように情報が伝えられているかがわかっていませんでした。イギリスの脳科学者ヘンリー・ハレット・デールが，アセチルコリンという物質が，心臓の拍動を遅くするなどの神経抑制作用に関与することを報告していましたが，論争が続いていたのです。

そんな中，1921年のある夜，レーヴィは就寝中に夢を見ます。レーヴィは何か研究にかかわる重要なことだと思われるその夢をメモ書きしました。でも，意味がまったくわかりません。ところが，次の日もまたレーヴィは夜中に夢を見ます。レーヴィは，今度はメモを取らずにすぐさま研究室に飛び込み，そのまま実験を開始したのです。

レーヴィはまず，カエルの生きた心臓を溶液に浸し，迷走神経を電気で刺激しました。すると心臓の拍動が遅くなりました。さらに，この心臓を溶液から取りだし，今度は迷走神経を取り除いた別のカエルの心臓を，先ほどの溶液に浸しました。すると，刺激をしなくても心臓の拍動が遅くなったのです。つまり「迷走神経を刺激して分泌された何らかの物質が，心臓の拍動を制御している」ことになります。

親友とともにノーベル賞を受賞

レーヴィは論文でこの未知の物質を「Vagusstoff（迷走神経物質）」とよびました。これをデールが調べた結果，デールが発見したアセチルコリンであることが判明しました。この功績により，二人は1936年に医学生理学賞を受賞しました。

しかし，1938年にナチス・ドイツがオーストリアを併合すると，レーヴィは投獄されてしまいます。レーヴィはノーベル賞の賞金を含めた全財産をナチスに引き渡すことを条件に解放され，アメリカに亡命。ニューヨーク大学の薬理学教授となります。これを助けたのはデールら研究者仲間でした。デールとの友情は生涯，続きました。

3

時間目

ストレスと病気

STEP 1

ストレスが引きおこす心身の不調

長期のストレスは，さまざまな精神的・身体的な疾患を引きおこすおそれがあります。ここでは，ストレスとこれら疾患について説明しましょう。

ストレスの長期化がもたらす全身不調

ここからは**長期のストレス**があたえる体への影響をくわしく見ていきましょう。下のイラストを見てください。

ストレスによる体の不調

呼吸器系の異常
強いストレスがあると，ぜんそくの症状が悪化する場合がある。また過度な緊張によって，過呼吸などの症状が出ることもある。

心臓病や糖尿病
慢性的なストレスは，狭心症や心筋梗塞と行った心疾患のきっかけになります。また，ストレスによって糖尿病の発症率が上がるという研究結果も報告されています。

消化器系の異常
ストレスで腹痛がおきたり，便秘や下痢などがつづく過敏性腸症候群になったりすることがあります。胃潰瘍は，ストレス性疾患の代表例ですが，今では薬で治療できるようになりました。

ストレスが長期化すると，交感神経のはたらきが亢進した状態が続き，イラストのように，体にさまざまな不調があらわれます。

ストレスは体によくない！

こんなにいろいろな症状があるんですね。

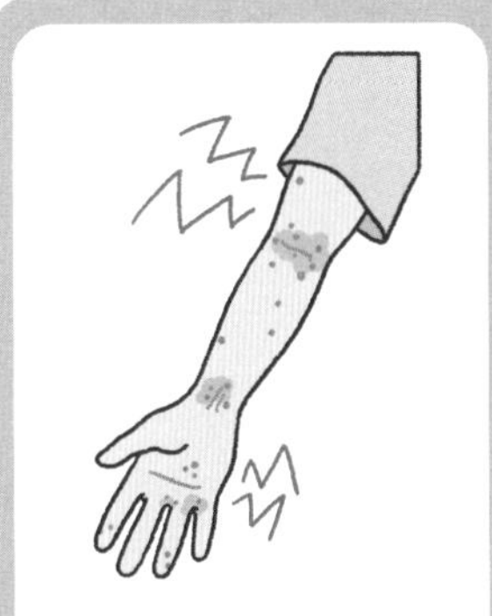

皮膚の異常
慢性的なストレスがあると，アトピー性皮膚炎や円形脱毛症など，皮膚に関する症状が進む場合があります。

めまい，耳鳴り
ストレスはめまいや，耳鳴りの原因にもなります。これらの症状を引きおこす「メニエール病」の原因にもなります。

口内環境の異常
強いストレスがあると，歯周病が悪化したり，口内細菌のバランスがくずれたりすることがあります。口内炎などが悪化することもあります。

全身の症状
ストレスによって肩こり，腰痛，頭痛などの症状があらわれることがあります。ほかにも手足がしびれたり，冷え性になったりすることもあります。

過食症，味覚の喪失
ストレスがきっかけとなって，神経性の過食症になったり，味覚を失ったりすることがあります。また，心因性の嘔吐などもよくおこります。

注：「心身症」の症状の例は『脳科学辞典』（https://bsd.neuroinf.jp）の情報をもとに作成しました。

たとえば筋肉の緊張状態や高血圧の状態が続くことで，**肩こり**や**腰痛**，**めまい**に**頭痛**，胃・十二指腸などの**消化器の異常**や**アトピー**，**脱毛症**などの症状が引きおこされます。
こういった症状のうち，うつ病や不安症などの精神疾患にともなう症状を除いたものを**心身症**といいます。

うわぁ，ストレスは体のいたるところに悪影響をおよぼすんですね。
仕事が忙しいと，朝起きたときに頭が重かったり痛かったりするんですけど，これもストレスが原因の心身症なのかなぁ。

心身症には，症状の原因が特定できるものもあれば，できないものもあります。
たとえば，胃痛でしたら，胃潰瘍のように症状の原因が目に見えて特定できることがあります。
しかし頭痛や高血圧などでは，症状はあるのに，体に原因がみられないものもあります。
このような場合は，内科的には問題がみられず，**原因不明**とされてしまうことがあります。

原因がよくわからないこともあるんですね……。
心身症かもと思ったらどうすればいいんでしょうか？

そのようなケースでは，早めに**総合診療科**や**心療内科**の診察を受けたほうがよいでしょう。
心療内科ではたとえば，**高血圧（心身症）**というように，ストレスの影響が考慮された診断がなされるのです。

「肩こり」はストレスのかたまり!?

先生，最近，仕事がすごく忙しくて，もう疲れました……。肩はこるし，目はかすむし。

体が疲れてくると，真っ先に影響が出やすいのが，**目**，**首**，**肩**や**腰**ですね。
2008年，厚生労働省がおこなった「平成20年技術革新と労働に関する実態調査」という調査では，ディスプレイのついたコンピュータ機器をつかって作業する人に，機器を操作をしていて，どんな体の症状を感じるのかを聞きました。
その結果，9107人の回答の中で，最も多かったものは**目**についての症状で，次に多かったのが，**首，肩のこり・痛み**，その次に多かったのが，**腰の疲れ・痛み**でした。

私も，肩こりがひどいです。

首や肩のこり，腰痛は，ずっとパソコンの前に座って作業をしたり，電車の中でつり革につかまって立ちっぱなしだったり，長時間**同じ姿勢**をとることでおきやすくなります。
また，同じ動きをくりかえす，不自然な姿勢をとるといった，体にかかるストレスによってもおこります。
さらに体にかかるストレスに加えて，**精神的なストレス**がこりを生む原因になることもあります。

なぜ，肉体的・精神的なストレスがかかると肩がこるんですか？

まず，強いストレス刺激を受けると，その情報が脳に伝わり，首や肩のあたりに広がる筋肉が緊張状態になります。すると，そこを走る細い血管が圧迫され，血液の流れがさまたげられます。そのため，血液が運び去っていくはずの物質などが**老廃物**として筋肉にたまっていきます。そしてこれらの物質が神経細胞を刺激し，刺激が脳に伝わって肩こりとして認識されるのだと考えられています。

ストレスによって筋肉が緊張して，老廃物が蓄積していくことが肩こりの原因なんですね。

はい。さらに肩こりになると，その感覚自身もストレスと脳が捉えて，筋肉がさらに緊張するという**悪循環**を招いてしまうのです。

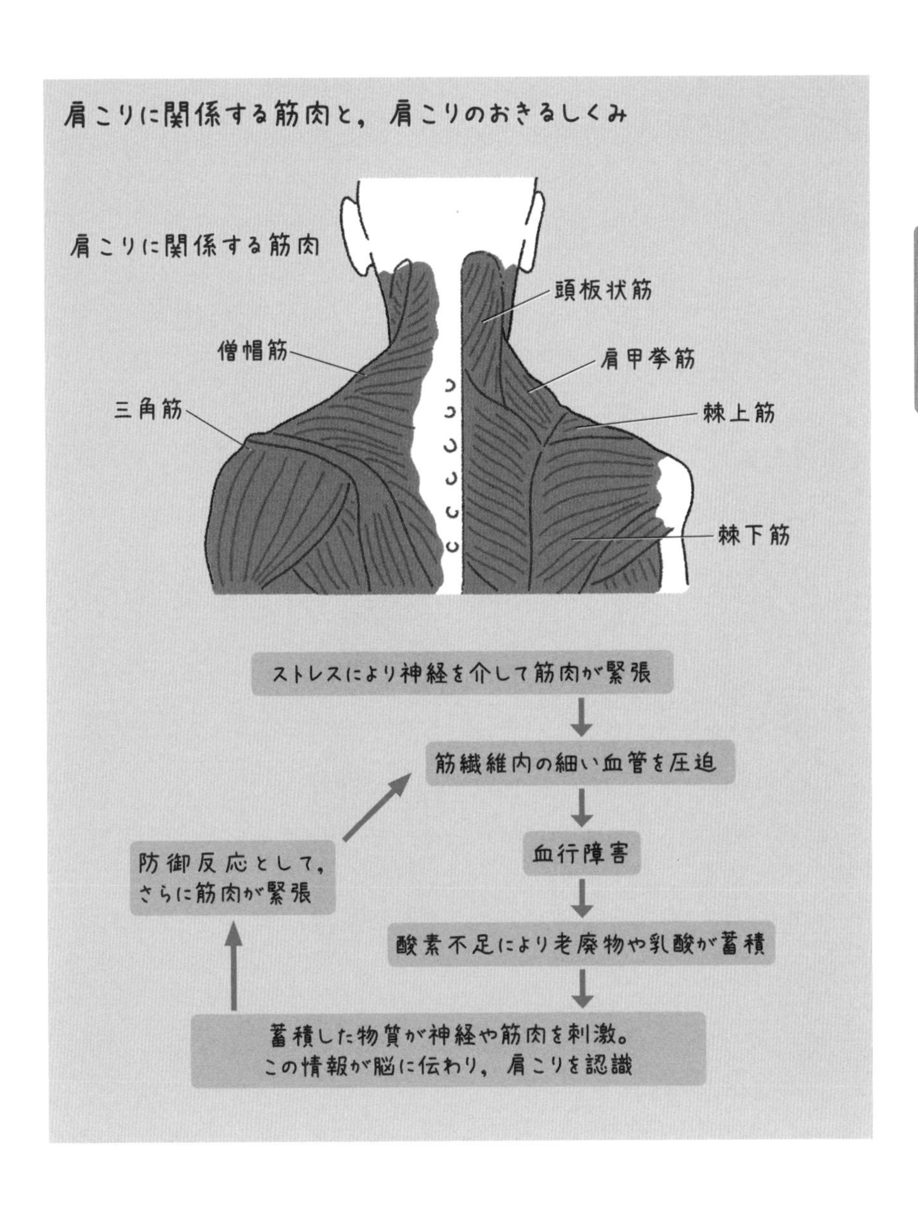

肩や首のこりは，軽くてもあなどらずに早いうちに対処しようと思います。

疲れがとれずに早半年以上……「慢性疲労」

普通，私たちの１日の疲れは一晩眠れば回復します。
しかし，数日から数か月にわたって疲れがとれない場合もあります。疲れが半年以上続く場合を**慢性疲労**といいます。

私も仕事が忙しくて，最近ずっと疲れているような気がします……。

慢性的な疲労は，多くの人が自覚しているかもしれませんね。
しかし，単なる疲労の範囲にとどまらず，日中も横になって生活をせざるを得ないぐらいの**はげしい疲労**がみられることがあります。疲労の原因となるような病気も認められません。
このような症状は，**慢性疲労症候群**（Chronic Fatigue Syndrome：CFS）とよばれています。

慢性疲労症候群？
それは普通の慢性的な疲労とはちがうんですか？

ええ。慢性疲労症候群は一般的な慢性疲労とは明らかにことなっていることが明らかになってきています。

1日中，寝ていないと生活できなくなるなんて，こわいですね。仕事も娯楽も何もできなくなっちゃいます。
やはりストレスによって引きおこされるんでしょうか？

発症のきっかけについては約3割の患者は**ウイルス感染**，残り7割はさまざまな**生活のストレス**が関係していると考えられています。
ウイルスの感染やストレスが引き金となり，脳の神経細胞間の情報伝達がうまくいかなくなり，脳の機能が落ちてしまうことが原因だと考えられています。

なぜストレスによって，脳の情報伝達がうまくいかなくなるんですか？

ストレスによって，ウイルスなどの病原体から体を守る免疫機能が低下すると，それまで体内におとなしくひそんでいたウイルスが急に増えはじめます。
するとこれを抑えようと，体中の免疫細胞は，免疫機能を活発にさせる化学物質を出すのです。
このとき脳の免疫細胞であるグリア細胞も同様の物質を放出します。こうして引きおこされる**脳の炎症**が，慢性疲労症候群の原因の一つではないかと考えられています。

脳の炎症ですか……。

ええ。
また，慢性疲労症候群の患者の脳では，神経細胞間の情報伝達に異常があるために，脳の機能が落ちてしまうようなんです。

脳の機能が落ちる！

ちょっとおそろしいんですけど。
普通の疲労では，脳の炎症はおきていないんですか？

慢性疲労症候群にまでは至らない一般の人々にみられる慢性的な疲労では，脳・神経系のひどい炎症にまでは至っていないと考えられています。
ただし，種々の生活環境ストレスによって引きおこされる神経系，内分泌系，免疫系の異常は，慢性疲労症候群と共通していると考えられています。

慢性疲労症候群にならないように，十分に気を付けないといけませんね。

その通りです。
もともと「あー，疲れた」という感覚は体を休息させるための警告信号です。休息を求めている自分の体からのシグナルに正直になって，ひとまずゆっくり休んでみましょう。

100人に6人が，一度はうつ病を発症する！

心身のストレスが引き金になりうる精神疾患として最も代表的なものが**うつ病**です。下のイラストは，うつ病の誘因や症状をえがいたものです。

私の大学時代の友人も，職場の上司とうまくいかずに，うつ病を発症して休職しています。
うつ病に苦しんでいる人は多いんでしょうか？

働き盛りのうつ
リストラや就職・転職の失敗による環境の変化だけでなく，昇進という，一見ポジティブに思える環境の変化であっても，仕事内容や人間関係が変わることに適応できず，うつ病を発症するケースがある。

子どものうつ
いじめられたり，学校生活がうまくいかなかったりすることで，ひきこもりや不登校となるケースがある。また，過度な受験戦争による“燃え尽き症候群”からうつ病を発症することもある。

うつ病の患者は世界的にふえてきており，日本でも「**15人に1人**が，生涯のうちでうつ病を経験する」といった報告があります。
男女比では女性が男性の**約1.6倍**と多く，妊娠，出産，育児，更年期といったやホルモンの変化が関与していると考えられています。

精神にあらわれる症状の例

憂うつな気分が続き，何に対しても興味や感心がなる。また，悲哀感や劣等感，罪悪感などを抱いたり，思考力や集中力，決断力，判断力が低下したりすることで，日常生活に支障をきたすようになる。

身体にあらわれる症状の例

食欲低下（もしくは食欲亢進），不眠（もしくは過眠），頭痛，肩こり，腰痛，腹痛，便秘，嘔吐，動悸，めまい，全身の倦怠感などがおき，疲れやすくなる。

老年期のうつ

退職や配偶者の病気や死亡がきっかけでうつ病を発症することがある。また，子どもが自立することで生きがいを失ってしまうことが，うつ病発症の引き金となることもある。
認知症や脳卒中も，うつ病の発症にかかわっていることが知られている。

女性のうつ

結婚や妊娠，出産であっても，家事や嫁・姑問題といった家庭内の持続的な葛藤がストレスとなってうつ病を発症することがある。
また，子育てに対して過度な責任を感じてしまうことで，うつ病を発症するケース（産後うつ）や，仕事も家事も完璧にこなそうとがんばりすぎてうつ病を発症してしまうケースもある。

15人に1人が一生のうちにうつ病を経験するって，かなり多いですね。私も他人事ではないです。

前のページのイラストのように，**うつ病の症状としては，抑うつ気分や不安感，何をしても楽しくないといった精神症状とともに，不眠，食欲不振，疲労感などの身体症状がおきます。**

気分が落ち込むだけでなく，体にも不調が出る……。つらいですね。
うつ病っていろいろなことが引き金となって発症してしまうんですね。

そうですね。うつ病の発症のきっかけはさまざまですが，まず第一にあげられるのが，やはり**過度なストレス**なんです。
学校や仕事などで，毎日強いストレスにさらされている人や，人生の転機にさしかかり大きなプレッシャーを感じている人などは，うつ病を発症する危険性が高いわけです。
また，働き盛りの世代だけでなく，子ども時代のうつや老年期特有のうつなど，ライフステージにおけるさまざまな出来事がうつ病発症のきっかけとなります。

うつ病はどの世代でもなる可能性があるんですね。
生活環境が変わるときには気をつけよう……。
なぜストレスを受けると，うつ病になるんでしょうか？
脳では何がおきているんですか？

実はうつ病の発症のメカニズムははっきりとはしていません。
しかし現在，有力とされる仮説では，脳内でセロトニンやノルアドレナリンといった，気分や感情に関係する神経伝達物質が，シナプスからそのすきまにおいて不足して情報の伝達がうまくいかなくなることが，うつ病の原因の一つだとされています。
実際にこの仮説をもとにシナプス間隙における神経伝達物質の増加をうながすように開発された**抗うつ薬**は治療効果を示しており，主に，選択的セロトニン再取り込み阻害薬（SSRI），セロトニン・ノルアドレナリン再取り込み阻害薬（SNRI）などがつかわれています。

治療効果のある抗うつ薬があるんですね。

うつ病患者のシナプス

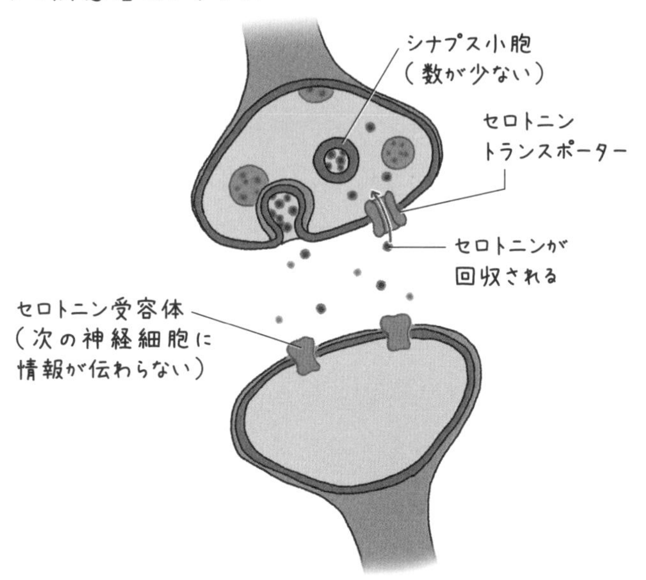

神経伝達物質が不足しているため，次の神経細胞に情報がうまく伝わらない

はい。
なお，ストレスだけがうつ病の発症にかかわっているわけではありません。
そもそも同じストレス刺激に対する感じ方も人によって大きくことなりますからね。
性格的要因や**遺伝的要因**もうつ病のかかりやすさに影響することが知られているのです。
ストレス刺激の少ない環境にいるにもかかわらずうつ病を発症する場合もあり，さまざまな要因が相互にかかわり合うことでうつ病の発症に至ると考えられています。

個人の性格も影響するんですね。

そうです。
それから，うつの症状は，うつ病以外の病気でもみられることがあるので，慎重に見きわめる必要があります。
たとえば，服用している治療薬の副作用によって引きおこされることがあります。
また，うつ病とは別の精神疾患である**双極性障害**でも，うつ状態がみられます。

そうきょくせいしょうがい？

双極性障害は，うつ状態と躁状態（過剰に気分が高揚し，活動的になったり，怒りっぽくなる状態）をくりかえす病気です。
こちらの発症のメカニズムもよくわかっていません。

うつ病と双極性障害はちがう病気なんですか？

はい，うつ状態のときは似ているのですが，ちがう病気だと考えられています。
双極性障害はうつ病とは治療が大きくことなり，治療経験がないとむずかしいため，精神科専門医による鑑別が重要です。私も精神科専門医なのですが，とても時間がかかって，やっと鑑別できる場合もあります。

ストレスにさらされ続けると記憶力が低下する

2時間目で説明した**コルチゾール**という物質のことを覚えていますか？
このコルチゾールがうつ病との間には関連があるかもしれないと指摘されているのです。

コルチゾールってたしかストレスに対抗するために分泌される**ストレスホルモン**でしたよね？

そうなんです。
ストレスを受けたときに副腎皮質からコルチゾールが分泌され，このコルチゾールが全身にはたらきかけて血圧や血糖を上げることで，ストレスに対抗する態勢を整えます。

そのコルチゾールがうつ病と関係しているんですか？

はい。
ふつう，ストレスを受けて分泌されたコルチゾールは，脳の視床下部や下垂体にもはたらきかけ，コルチゾールの分泌をうながした**コルチコトロピン遊離促進ホルモン（CRH）**というホルモンの分泌をおさえます。
こうしてコルチゾールの量が減り，やがて体は通常の状態に戻ります。

コルチゾールは自分自身の分泌をおさえるようにはたらくんですね。

そうなんです。
ところが，強いストレスが長期間続いていると，常にコルチゾールが分泌され続ける状態となります。つまり体はストレスに対抗する緊張状態が続くことになってしまいます。
最近の研究によれば，このように過剰なコルチゾールの分泌が続くと，脳の神経細胞，特に**海馬**の神経細胞がダメージを受ける場合もあることが明らかになっています。

えっ!?
海馬って記憶に重要な部分ですよね？

その通りです。
そのため，強いストレスが続くと，**記憶力が低下**してしまう可能性も指摘されているんです！

どひゃー！　大変だ！

ストレスを受けると，脳の視床下部から下垂体を介して，副腎皮質へと情報が伝えられ，「コルチゾール」が分泌される。これが，ストレスに対抗する体の変化をおこす。過剰なコルチゾールは，海馬などの神経細胞にダメージをあたえることもある。

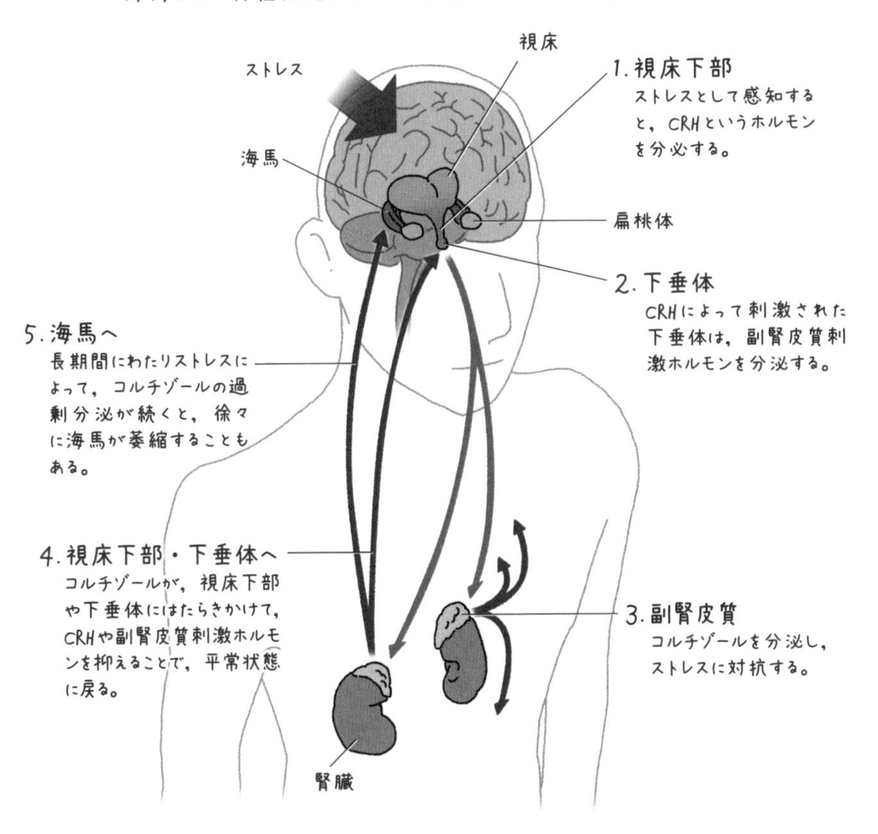

さらにストレスは，恐怖や不安を感知する**扁桃体**のはたらきを高めてしまうといわれています。
常に緊張状態が続いているうつ病患者では，扁桃体が異常に活発になっていることで，怒りや悲しみ，不安，不甲斐なさといったネガティブな感情を頻繁にもつようになるのではないかと考えられているのです。

ストレスが，海馬や扁桃体に影響をあたえることで，うつ病のような症状をつくりだすんですね……。

孤独を抱える人はうつ病や不安症を抱えやすい

新型コロナウイルスの世界的大流行から，「不要不急の外出や会食を控える」，「収入が減って，日々の暮らしが大変」といった状況の中で，**孤独**を感じる人が増えました。

私もコロナが大流行していたころは仕事が在宅になりました。
はじめのころは満員電車に乗って会社に行かなくてすむ，**ラッキー！** って思っていたんですけど，一人暮らしなこともあって，誰ともしゃべらない毎日が続いて，ちょっと寂しくなりました。

そういった孤独感も大きなストレスとなり，うつ病発症の引き金になることがあります。

でも孤独を感じると，どのようにしてうつ病になるんですか？

理化学研究所と大阪大学の研究チームによっておこなわれた興味深い研究があります。
ヒトと同じように社会性をもつマウスを長期間，隔離して孤独にさせることでうつ病に似た症状を示す**孤独マウス**の脳を分子レベルで解析した研究です。

孤独マウスの研究からどんなことがわかったんでしょうか？

研究チームは，「前頭前野や海馬などの領域で，精神疾患との関連が知られる神経伝達物質の受容体（グルタミン酸受容体）の数が増えた」と報告しています※。
この変化は正常マウスではみられません。逆に孤独マウスに，グルタミン酸受容体のはたらきを抑える薬剤を投与したところ，うつ状態が改善することも確認できたとのことです。

孤独ストレスによるうつ病の発症には，神経伝達物質の受容体がかかわっているということでしょうか？

マウスによる研究成果が直接ヒトに当てはまるかわかりませんが，孤独によるストレスによって脳の特定の領域でグルタミン酸受容体の数が増え，受容体が過剰にはたらくことと関連しているのかもしれません。
もちろん，それだけが原因ではないでしょうが，少なくともうつ病の発症には，脳内の神経伝達系の異常が関与するとされています。

※：Toshiyuki Kawasaki, Yukio Ago, Koji Yano, Ryota Araki, Yusuke Washida, Hirotaka Onoe, Shigeyuki Chaki, Atsuro Nakazato, Hitoshi Hashimoto, Akemichi Baba, Kazuhiro Takuma, Toshio Matsuda, Increased binding of cortical and hippocampal group IImetabotropic glutamate receptors in isolation-reared mice, Neuropharmacology, Volume 60, Issues 2–3, 2011, Pages 397-404, ISSN 0028-3908, https://doi.org/10.1016/j.neuropharm.2010.10.009.

過剰な不安が発作を引きおこす「不安症」

不安症という病気を知っていますか？
特定の状況で，コントロールできないほどの**過度な不安**に襲われて，パニックをおこすなどの症状がみられる病気です。

はじめて聞きました。
過度な不安に襲われるなんて，苦しい病気ですね。

本来，不安は，これからおこるかもしれない脅威に対して体が防御反応を示す，事前のストレス状態のことをいいます。
不安はだれもが感じるもので，脅威となる状況への反応を準備するという前向きな側面があります。
たとえば幼児が親と別れるときの不安や，はじめて学校に登校するときの不安は，いずれも正常の状態でも認められるものです。

不安は，生きていくために重要な面があるわけですね。

ええ。
しかし，不安症では，必要以上に大きな不安を感じてしまいます。その結果，**はげしい身体反応**が引きおこされてしまい，日常生活に支障が出ます。

どのような症状が出るんでしょうか？

たとえば電車に乗ると，急激な不安に襲われ，発汗や動悸，過呼吸をおこしてしまう。
あるいは，人前に立つと緊張のあまりパニックにおちいってしまう。どちらの症状も不安症の例です。

ふぅむ。

不安症は，その対象によって，さまざまな病態が存在します。
社交不安症では「人前に出て注目・評価されること」，**広場恐怖症**では「人ごみや電車などの特定の場所にいること」，**パニック症**では「パニック発作がおきること」が不安の対象です。また不安の対象が特定できない**全般不安症**というものもあります。

不安症の種類

社交不安症	社会的状況，またはそこで行為をすることに対する顕著で持続的な不安，または不安症状を呈することへの顕著な恐怖が主症状。おそれや回避によって通常の生活，職業機能，社会機能，社会活動，社会的関係の支障が生じています。
広場恐怖症	逃げることが困難であるかもしれない，または助けが得られない場所にいることについての恐怖や不安。典型的な状況として，家の外に一人でいること，混雑の中にいること，または列に並んでいること，橋の上にいること，バス，電車，または自動車で移動していることなどがある。
特定の恐怖症	高所や閉所，動物など特定の対象に対する顕著で持続的な恐怖，または恐怖症状を呈することへの顕著な恐怖や不安が主症状。通常回避をともない，日常生活，職業機能，社会機能，社会活動，社会的関係の支障が生じる。
全般不安症	多数の出来事，または活動に対する過剰な不安と心配が，少なくとも6か月間持続し，一般身体疾患や物質によって生じたものでない著明な苦痛や障害を引きおこしているときに診断される不安症。

パニック症でおきる**パニック発作**とはどういうものなのでしょうか？

いきなり不安感や恐怖感が高まり，はげしい動悸や息苦しさ，ふるえ，冷や汗，吐き気などに襲われることをパニック発作といいます。
発作は，「このまま死んでしまうのではないか」と感じるほど強烈なものですが，数十分でおさまり，病院で心臓などの検査を受けても異常はみつかりません。

そんなにはげしいんですか!?

外でいきなりパニック発作がおきると考えると，外出しづらくなりそうですね……。

そうなんです。
この発作が，特段の理由もなく，突然，かつ，くりかえしおきると，発作がおきること自体が不安の対象となります。
すると，外出できないなど，日常生活に支障をおよぼすようになります。これが**パニック症**です。

不安症を治療する方法はあるんでしょうか？

日常生活に支障をおよぼすほど症状がひどくなってしまった場合には，主な治療法としては**薬物療法**になります。
不安症状に対しては，「抗うつ薬」，「選択的セロトニン再取り込み阻害薬（SSRI）」，「抗不安薬」などの使用がすすめられます。

薬物療法のほかに，心理的アプローチも十分な効果があります。私は心理師でもあるので，患者の不安に対する対処法を明らかにしたうえで，実際の生活のリズムを取り戻していく「認知行動療法」も有効な治療法として用いています。認知行動療法については，4時間目でくわしく紹介します。

薬物療法だけじゃないんですね。

過剰な不安に対する過剰な防衛「強迫症」

家を出るとき，鍵をかけたにもかかわらず，不安になって何回も鍵かけの行動をとる人がいます。それがエスカレートしてしまい生活に支障をきたすようになってきたら，**強迫症**の可能性があります。

強迫症？

強迫症は，「これをしないと不安だ」という「強迫観念」にかられ，特定の行動をくりかえしてしまう病気です。たとえば，何かにふれるたびに汚染された手を洗わなければいけないという強迫観念にかられ，何度も手を洗ってしまうといった潔癖症の例があります。

強迫症も不安に関連した病気なんですね。
潔癖症のほかにはどのような例があるんでしょうか？

「他人に迷惑をかけるのではないか」という思いが頭からはなれず，問題がないことを何度も確認するといった症状もよくみられます。
たとえば，「出かけようとするが，ガスの元栓を閉め忘れて火事になるのではないかと考え，いくら確認しても心配が消えない」といったケースです。

ガスの元栓が気になるのは，なんだかわかる気がします。

ほかにも，「ものごとの手順や正確さ」「4や9といった特定の数字」「上下左右などの対称性」への過度なこだわりなどがみられることもあります。
不必要な物品をため込むという症状もあり，いわゆる「ゴミ屋敷」の住人などは，強迫症に関連した疾患である「ため込み症」に該当しえます。

右の表を見ると，いろいろなことに強迫観念を持つんですね。

強迫症では，患者自身がみずからの考えや行動を「無意味」「やりすぎ」と認識しているにもかかわらず，それをやめられないことが多いようです。当事者本人はたいてい，その行為が抑えられると，強い不安を生じます。
また，家族をはじめ，周囲の人を巻き込む傾向も強いようです。

なぜ強迫症になってしまうのでしょう？

強迫観念の分類

攻撃	道を歩いていて，すれちがった人を傷つけていないか，自分のせいで火事がおこったのではないか，友人を刺すのではないか，車を運転して人をはねるのではないか，床が抜けて転落するのではないか，といった心配が常に頭にある。
不潔	他人がさわったものにはバイキンがついている，バイキンが感染する，他人のあとにトイレに入ったら便座から性病がうつる，AIDSになる，といった心配が常に頭にある。また，ホコリやよごれが気になり，不潔感を強く感じる。
対称性	本棚の本が整然と並んでいない，タンスの衣類が整列して収納されていない，机の上の文房具が整列して置かれていない，といったことを常に気にします。また，衣服を着るときにも決まった順番がある。
性的	自分が同性愛者ではないか，兄弟が同性愛者ではないか，ペットと性交をするのではないか，といった心配が常に頭にある。異性を見ると裸の想像が頭からはなれないといった症状もある。
ため込み	ひもやレジ袋などを集める，ものを捨てられない，といった症状がみられます。
身体	鼻が低い，目が細い，足が太い，腕が太い，胸が小さい，といった心配が常に頭にある。
宗教	罪深いおこないをしてしまった，自分は罰を受けなければならない，天国・極楽には行けない，地獄しかない，神に見放された，といった心配が常に頭にある。

強迫症の原因は特定されていませんが，神経伝達物質のセロトニンのはたらきを改善する選択的セロトニン再取り込み阻害薬（SSRI）という薬が有効であることから，神経伝達物質であるセロトニンが症状に関与しているという説があります。

セロトニン……。うつ病のときにも出てきましたね。強迫症の人はどのように治療するんでしょうか？

強迫症の治療は，薬物療法と行動療法の組み合わせで行われることが一般的です。
行動療法については，4時間目で紹介しましょう。

強烈な体験は心に深い傷を残す

ストレスに関連した精神疾患として，**急性ストレス障害**および**心的外傷後ストレス障害（PTSD）**もあります。
これらは戦争や大災害などを体験したり，犯罪に巻きこまれたりすることなどによって受けた**心的外傷（トラウマ）**が原因であらわれる症状です。

大きな災害や事故がおきたあと，PTSDに苦しむ人がいるって，ニュースとかでよく聞きますね。
だけど，急性ストレス障害とPTSDって一体どういうものなんでしょうか？

まず，急性ストレス障害とは，心的外傷（トラウマ）の体験後に3日〜1か月の間続く障害です。
フラッシュバックや悪夢，トラウマを思いおこさせる事物・状況の回避，不眠や過敏反応，周囲の現実感が薄れてしまうなどの症状が出現します。
そして，これらの症状が**1か月以上**続く場合は**PTSD**と診断されます。

1か月以上もですか……。

はい。
PTSDは数週間〜数か月の**潜伏期間**を経てから発症することも少なくありません。

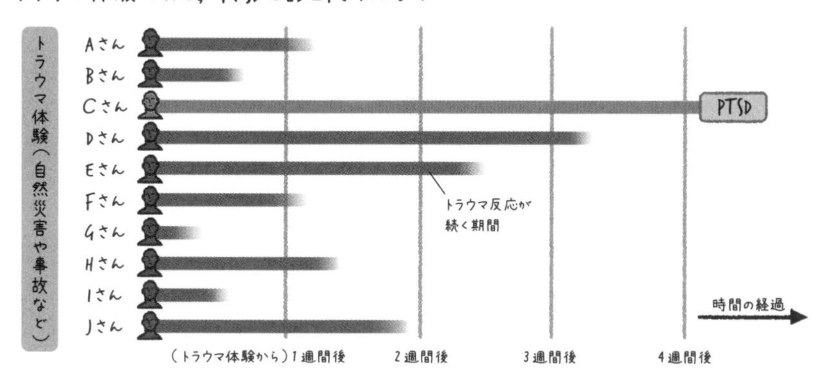

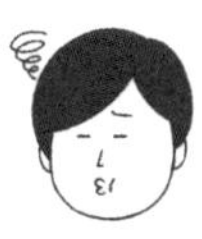

どういう体験がPTSDを引きおこすんでしょうか？

PTSDを引きおこすものは，戦争，戦闘，傷害事件，性暴力，災害，虐待など，通常の人生経験の範囲をこえた重大な外傷体験であるとされています。
PTSDの発症率は，災害や事故にくらべると，対人の暴力や虐待などで高くなる傾向があります。

人間が関係するようなことで高くなるのか。なんか，意外です。

PTSDの発症のしやすさは，性別，社会的サポート，ストレスへの脆弱性などによって変わるといわれています。精神疾患を有する人や，社会的に恵まれなかったり孤立していたりと社会的サポートが少ない人は，発症する可能性が高いようです。

PTSDの人の脳では何がおきているんでしょうか？

PTSDの患者の脳では，感情をつかさどる**扁桃体**の血流量の増加（活動が活発），および**海馬**の体積の縮小が報告されています。
これらの異常が，恐怖の記憶を強めたり，自然に消えていくのを防いだりして，PTSDの症状となっている可能性が指摘されています。

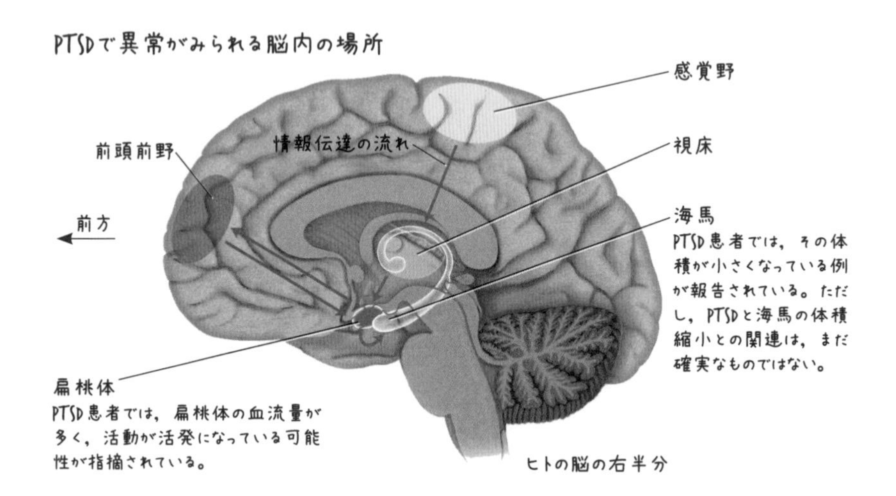

PTSDにも扁桃体と海馬がかかわっている可能性があるんですね。
治療方法はあるんでしょうか？

まずは，安心感の提供，外傷体験を引きおこしている場所や状況から離れていることが治療の第一歩になります。
病院では，薬物療法や認知行動療法などがおこなわれます。薬物療法では主に，選択的セロトニン再取り込み阻害薬（SSRI）が使われています。
またそのほかにも，トラウマ体験を表現させて感情を表現させたり，症状の対処法を学んでもらったりする方法や，EMDR（眼球運動による脱感作と再処理法）という治療法もあるのです。

STEP 2

自律神経失調症ってどんな病気？

大きなストレスを抱えて自律神経のバランスが乱れることで引き起こされる「自律神経失調症」。自律神経失調症をさまざまな角度から解説していきます。

体調が悪いのに「異常なし」？

ここからは，ストレスに関係する病気として，よく話題になる**自律神経失調症**について，くわしく紹介していきましょう。

自律神経失調症って聞いたことがあります。
ストレスに関係する病気だったんですね。どういう病気なんでしょうか？

今まで見てきたように，人の体は，交感神経と副交感神経によって，臓器や器官の機能を絶妙に調節することで**恒常性（ホメオスターシス）**が維持されています。
ところが，視床下部など脳による制御がうまくいかず，交感神経と副交感神経の作用のバランスが崩れたりすると，さまざまな体と心の不調が生じます。このような不調を総称して自律神経失調症といいます。

具体的にどういった不調が出るんでしょうか？

めまいやふらつき，疲労感，肩こり，頭痛など，不調の症状や症状があらわれる器官は，人によってさまざまです。同じ胃腸に関する症状でも，便秘になる人もいれば，下痢になる人もいます。

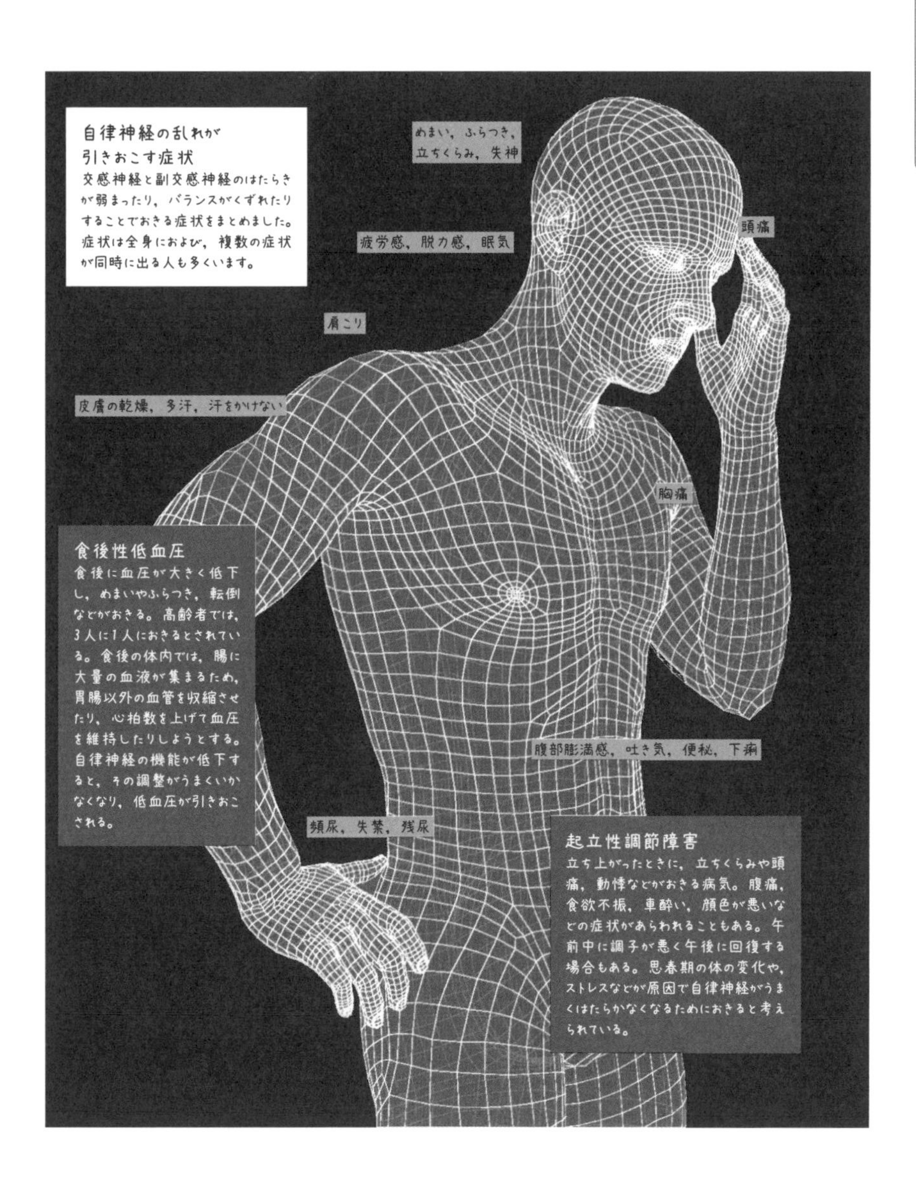

便秘と下痢って反対の症状に思えますけど，人によって症状はいろいろなんですね。
自律神経失調症の原因は何なんでしょうか？

原因はさまざまですが，大きな要因の一つがやはり**ストレス**だといえます。
私たちは日常的にさまざまなストレス刺激にさらされています。しかし，自分では気づかないことも多く，知らず知らずのうちに抱え込んでしまっていたりします。そのようなストレス状態が長く続くと，自律神経のバランスが崩れ，さまざまな症状があらわれることがあります。
自律神経失調症の定義はあいまいですが，このような症状の総称として使われることが多いです。
ただし，思い当たるストレスがなくても，自律神経失調症を発症する場合もあります。

症状があらわれる場所もさまざまで規則性もない，思い当たるストレスもない場合もある……。
そういえば先生，自律神経失調症の定義はあいまいって，ちゃんとした病名ではないんですか？

お，いいところに気が付きましたね。
実は，自律神経失調症は正式な病名というよりは，自律神経の乱れに関連した症状の総称として使われているのが実情なのです。

意外ですね。
最近，自律神経失調症っていうワード，よく聞くのに。

そもそも自律神経の乱れを調べる直接的な手法はありません。自律神経の不調は心拍，心電図，発汗などの状態から推測するにすぎないのです。また，症状が出ている臓器や器官を調べても異常が見つからないことも多いです。

異常が見つからないのに，どうやって診断するんですか？

たとえば，下痢が主な症状であれば，大腸の内視鏡検査などをおこない，がんや潰瘍など目に見える異常がないかどうかを調べます。
そのうえで，病変がないのに症状が続く，という場合に自律神経失調症の可能性があると判断されるわけです。

症状があっても異常が見つからない場合に，自律神経失調症と判断されることがあるんですね。

そうなんです。
ただし，自律神経失調症に症状が似ているものの，糖尿病やがんの初期など，まったく別の病気の場合もあります。それが重大な病気でなければ問題ありませんが，がんのような重大な病気である場合もあるので，自己判断は禁物です。

はい，気をつけます！

また，自律神経失調症にともなう精神症状と，うつ病や不安症などの心の病気（精神疾患）は，質のちがうものと考えられているのです。

こちらも，自分で判別するのは容易なことではありません。このため，**中途半端な知識や，いい加減な情報で勝手に判断すると，逆効果になることもありますので，気をつけてください。**誤診や深刻な病気の発見を遅らせることにもつながります。
それゆえ，身体症状においても，精神症状においても，安易な自己診断は決してしないようにしましょう。

わかりました！　気になったら病院に行くようにします！もし自分が自律神経失調症かなと思ったら病院の何科に行けばいいですか？

自律神経失調症が疑われるような体調不良を感じた場合，病院にかかるならば**総合診療科**か**心療内科**，**精神科**（メンタルクリニック）がよいでしょう。

そこで自律神経失調症だと診断されたら，どのような治療がおこなわれるのでしょうか？

不調の原因が自律神経の乱れだと考えられる場合，症状をやわらげるための薬物による対症療法，ストレスをコントロールするための心理療法や行動療法（自律訓練法，カウンセリングなど）などがおこなわれます。

薬物はどういうものが使われるんですか？

たとえば，痛みには鎮痛薬，不眠には睡眠薬，下痢には下痢止め，といったように症状を緩和する薬が処方されることがあります。

不安感や抑うつ感が強い場合には，抗うつ薬や抗不安薬が用いられることもあります。症状によっては，漢方薬や鍼治療が有効な場合もあります。

自律神経の乱れをなおす，というよりもそれぞれの症状を抑えるための薬物，ということですね。

ええ。
そのため，自律神経の乱れを引きおこす**ストレスへの対応**も重要になってきます。
生きている以上，私たちは常に何かしらのストレス刺激に見舞われます。そうした，ストレス源から逃れることが有効なこともありますが，すべてがそうとは限りません。
完璧主義をやめる，などストレスをコントロールするために**自分を変えていくこと**も重要になります。

生活するうえで，すべてのストレス源を避けるなんてことできませんからね。

あなたはいくつ当てはまる？　自律神経失調症チェック

自律神経は心身の機能を自動的に制御する神経です。非常にデリケートで，ちょっとしたことでバランスを崩します。

自律神経のバランスが崩れて心身に不調が出た状態が，自律神経失調症ということでしたね。

はい，そうです。
自律神経のバランスが崩れる大きな要因はストレスです。ストレスを長く抱え続けると，体のリズムが狂い，心はバランスを失い，それにより，体と心の両面でさまざまな症状があらわれる自律神経失調症になることがあります。

先生，私も最近仕事が忙しくて，ストレスを抱えがちなんですけど，どんな症状や異常が出ると自律神経失調症なんでしょうか？

自律神経失調症の原因は人によって千差万別で，症状は人によってかなりことなります。
一方で，自己判断で症状を軽視していると，症状がこじれ，治すのに時間がかかってしまう場合もありますので，**早めのケア**が大切です。
症状の悪化を防ぎ，体と心の健康をいち早く取り戻すには，現在自分におきている状態をきちんと把握し，適切な対応をとることが大切です。

うーん，でもいきなり病院に行くのはちょっと気がひけるような……。

そこで，**チェックリスト**を用意しました。
まずはこのチェックリストを見て，自分に当てはまる項目があるかどうか，確認してみましょう。
チェックリストには，自律神経と無関係なものも含まれますが，代表的な症状として**29項目**を用意しています。この中で一つの症状しかあらわれない人もいれば，複数の症状があらわれる人もいるでしょう。また同じ症状が長く続く人もいれば，症状があらわれたり消えたりをくりかえす人もいるはずです。症状が2週間以上続く場合は病院で診てもらうとよいでしょう。

自律神経失調症の主な症状

当てはまるものにチェックを入れてみましょう。

チェック	症状	体の部位など	説明
□	疲労感・倦怠感・脱力感	全身	運動をしていないのに、いつも全身がだるい、疲労感が抜けない、全身に力が入らないなど。
□	睡眠障害・眠気	全身	なかなか寝つけない、眠りが浅い、眠れても朝おきて疲労感が残る。逆に1日中眠い。
□	微熱	全身	生理期間でなく、とくに体の異常がないのに、だるさをともなう37℃程度の微熱が毎日続く。
□	食欲不振・腹部膨満感	全身	お腹がすいているのに食べ物を見ても食べたくない、吐き気がする。食べるとムカムカするなど。腹部に膨満感がある。
□	ほてり・冷え	全身	外気温に関係なく、体が熱くなり、そのあと多量の汗をかく。寒気を覚えたり、手足が冷える。
□	めまい	頭部	自分自身がフラフラする形のめまいが多い。
□	立ちくらみ・ふらつき・失神	頭部	急に立ち上がったときなどに立ちくらむ。ふらつく。失神する。
□	頭痛・片頭痛	頭部	頭が痛い、頭が重い。
□	肩こり	肩	肩や首筋、背中がこる。首の後ろから肩への痛みがある。
□	吐き気	胃	吐き気がする、食べたあとにムカムカする。
□	便秘・下痢	腸	便秘や下痢が続いたり、交互にくりかえす。
□	頻尿・残尿感・尿意切迫	膀胱	水分を取っていないのに頻繁に尿意をもよおす。尿が出にくい、残尿感があるなど。
□	皮膚の乾燥・かゆみ	皮膚	皮膚が乾燥する、かゆい。
□	多汗・汗をかかない	皮膚	汗が多い。汗をかかない。
□	息苦しい	気管	呼吸が速くなり、息苦しくなる。寝ようとするときにおこることも多い。
□	筋肉痛	関節・筋肉	運動をしていないのに体の筋肉が重い。筋肉や関節が痛い。
□	脱毛	頭部	髪の毛が（部分的に）抜ける。髪の毛が細くなる。
□	目の疲れ・乾き・涙目	目	目の疲れ。目がかすむ、物が二重に見える。目の乾きや涙目。
□	耳鳴り・難聴	耳	耳鳴りがする、音が聞こえにくい。中高年に多い。
□	口内の乾き・不快感	口	口の中が乾く。唾が出る、味覚がおかしい、口や舌が重いなど口内の不快感。
□	喉の不快感	喉	喉に何かが引っかかっている感じがする。うまく物を飲み込めないなど。比較的女性に多い。
□	動悸・息切れ・胸部の圧迫感・胸痛	胸	運動をしたわけでもないのに、心臓がドキドキしたり、胸の痛みや圧迫感がある。
□	手足のしびれ	手足	手足がしびれる。
□	手足の冷え、のぼせ	手足・頭部	手や足の先が冷たくなる。足が冷えているのに顔や頭がのぼせる。
□	生理不順・勃起障害	生殖器	生理不順や勃起障害。生殖器にかゆみを感じるなど。
□	意欲低下・無気力感	意欲・気力	何もやる気がおきない。日常的な行為がおっくうになる。
□	集中力・記憶力低下	能力	物事に集中できない。少し前のことを忘れる。仕事や生活に支障が出る。
□	情緒不安定	情緒	ちょっとしたことでイライラしたり、怒りっぽくなる。悲しくなる。
□	不安感・憂鬱感	情緒	気分が落ち込む。不安を感じる。

脳が混乱をおこすと自律神経失調症になりやすい

自律神経失調症の原因の一つはストレスということでしたけど，いったい自律神経失調症はどのようにしておきるんでしょうか？

日々あわただしく，ストレス刺激の多い現代社会においては，「休みたいのに休めない」「激怒しているのに感情を押し殺して平静を装う」といったことは，日常茶飯事ですよね。

このようなとき，本能的欲求をつかさどる「視床下部」や「大脳辺縁系」では，**休息への欲求**や**興奮**が生じます。しかしその一方で，理性など精神活動をつかさどる「大脳皮質」では，**欲求や興奮を抑制する**ような行動や態度を命じています。

脳の中で本能と理性が対立しているわけですね。

はい，その通りです。

本能と理性が対立する状態は，私たちにとって無理のある不自然な状態です。このような状態が長く続けば，本能をつかさどる視床下部や大脳辺縁系と，理性をつかさどる大脳皮質との間にひずみが生じますね。

そうした中で場合によっては，脳は混乱をおこし，自律神経を適切に制御できなくなって，交感神経と副交感神経との切りかえに支障が生じてしまうことがあると考えられているのです。

本能と理性の対立によって，脳が混乱して，自律神経のバランスに乱れが生じるのか。どのような状況が本能と理性の対立を引きおこすんでしょうか？

脳の混乱を招き，自律神経のバランスを崩す要因はたくさんあります。
たとえば，不規則な生活リズム，睡眠不足，生活環境，季節の変化，騒音，不安，悩みなどがあげられます。これらは強いストレスになり，私たちの心身に悪影響をおよぼします。このようなストレス状態が続くことが，自律神経のバランスを崩す最大の要因となるのです。

やっぱり十分な睡眠をとったり，規則正しい生活を送らないとダメなんですね。悩みや不安に対しても，過剰に考えないようにしないと。

そうですね。ここで気に留めておいてほしいことがあります。
それは，ストレスというプロセスの感じ方や影響は人によって大きく異なるということです。
ストレス刺激を受ける側の性格や考え方によって，ストレス反応の種類や程度はかなりちがってきます。また，そのときの心身の状態などにも左右されます。

ふむふむ。

そもそもストレスというプロセスが進行する要因には，その人を取り巻く**外的要因**と，その人自身がもっている**内的要因**の二つに大別されます。

外的要因としては，日常生活・職場・学校の環境，家族関係，人間関係などで生じる刺激や負荷，気圧や気温の変化，騒音，公害などがあげられます。

自分をとりまく環境ということですね。
内的要因というのは？

内的要因としては，体質や性格，考え方，身についた習慣などがあげられます。
こちらはその人特有のもので，内向的な人や神経質な人，悲観的な人は自分に自分で余計な負荷をかけがちです。

ふぅむ。なるほど。
今，仕事が忙しいんですけど，自律神経失調症にならないようにするには，どういうことに気をつけるとよいでしょうか？

自律神経失調症の場合，明確な原因を突き止めることが困難な場合が少なくありません。
また，日常的におきているストレス反応は，知らず知らずのうちに蓄積していきます。そして，ストレス刺激に対する感覚はまひしていき，そのままにしてしまうことによって自律神経失調症に至るまで悪化していくことがあるのです。
そうならないためには，まず，**ゆったりと穏やかな気持ちをもち，自分にあまり負荷をかけすぎないように意識することが大切です。**

自律神経失調症に似た病気

自律神経失調症と症状や原因が似ていても，症状が一定の臓器や器官に集中している身体疾患の場合，自律神経失調症とは別の病名がつけられることがあります。
そのような病気は**自律神経失調症の仲間**ともいえます。

自律神経失調症の仲間？
どのような病気があるんでしょうか？

209ページの表に，自律神経失調症の仲間のうち代表的なものをあげました。
まず，**心身症**です。これはSTEP1でも紹介しましたね。精神的なストレスなどの心理社会的な要因による身体疾患を総称したものです。自律神経が調整している臓器や器官に症状が出やすいという特徴があります。

心身症と自律神経失調症は症状が似ているんですね。

ええ，ストレスというプロセスに関連しておきてくる点では似ていますね。
次に**胃・十二指腸潰瘍**は，消化器系の病気です。
潰瘍とは，粘膜がただれたりえぐれたりした状態のことです。ピロリ菌という細菌の感染が原因に深く関係していることが知られています。
しかし，単にピロリ菌に感染しただけで発症するとは限りません。ほかの因子が加っている場合が多く，その代表が**ストレス**です。

自律神経失調症の仲間の病気とその症状

病気	自律神経に関連する症状	症状	原因
心身症		心理的・社会的要因によるストレス性の身体疾患を総称したもの。自律神経が調整している臓器や器官に出やすい特徴があり，特定の臓器や器官に集中してあらわれる。そのため，心因性胃潰瘍など，自律神経失調症と症状が似ている場合が多い。	精神的なストレスなど
更年期障害	のぼせ，ほてり，発汗	閉経前後の40～50歳の時期を更年期とよび，女性ホルモンの減少によってホルモンバランスが急激に変化することで，様々な心身の症状があらわれる。個人差が大きいが，日常生活に支障が出る場合を更年期障害とよぶ。主にホットフラッシュとよばれるのぼせ，ほてり，発汗の症状があげられる。ほかに，倦怠感，動悸，息切れ，めまい，耳鳴り，頭痛，冷え，便秘，かゆみ，肩こりなどの身体症状に加え，抑うつや不安，意欲の低下などの精神症状をともなうこともある。	閉経によるホルモンバランスの変化
胃・十二指腸潰瘍	胃・十二指腸の潰瘍	胃・十二指腸にできる潰瘍（粘膜がただれたり，えぐれたりする状態）で，消化性潰瘍ともいう。消化性潰瘍はピロリ菌という細菌の感染が要因の一つで，ストレスなどの因子が加わると発症する。ストレス性の潰瘍は再発しやすく，暴飲暴食や薬が原因の一過性の潰瘍とは区別される。主な症状は，上腹部やみぞおちの痛みで，空腹時にあらわれることが多い。また，胸やけ，げっぷ，背中の痛みのほか，ひどくなると吐血や下血する。	ピロリ菌・精神的なストレスなど
過敏性腸症候群（IBS）	便秘，下痢	精神的な不安や緊張などが原因で便通異常や腹痛をおこす病気。IBS（Irritable Bowel Syndrome）ともよばれ，日常的にストレス刺激を受けやすい人，ストレス耐性の弱い人に多くみられる。主な症状は便通異常で，下痢型，便秘型，その混合型がある。腹痛をともなうことも多く，不安や抑うつ，めまい，頭痛などが出ることもある。	精神的なストレスなど
起立性失調症候群	立ちくらみ，めまい	急に立ち上がったときの立ちくらみやめまいが頻繁におきる。気持ちが悪くなって失神することもある。寝起きが悪い，動悸や息切れ，疲れやすい，乗り物に酔いやすいなどの症状をともなうこともある。小学生～思春期の子どもにあらわれる場合は起立性調節障害とよばれる。	自律神経のバランスの乱れ
過換気症候群（過呼吸症候群）	過呼吸	急に呼吸が速くなり息を吸っても息苦しさが増してパニック発作を引きおこす。ひどく興奮したり緊張したりしているときに，呼吸が速くなることと交感神経の過剰な刺激が合わさって発作がおこると考えられている。多くの場合がストレスが原因で思春期から30歳以下の若い女性に多くみられる。	精神的なストレスなど
慢性頭痛	頭痛	検査で異常はないのに続く慢性頭痛には，脳血管のけいれんによる片頭痛，肩や首などの筋肉の緊張による緊張型頭痛のほかに，心の問題による心因性頭痛がある。主にストレスが関係しており，寝不足や生活習慣，騒音などが誘因となっておこる。	精神的なストレスなど
神経性嘔吐症	嘔吐	頻繁に吐き気や嘔吐をくりかえすストレス性の嘔吐症。検査ではどこにも異常が見つからない。強い不安や緊張によって脳内の嘔吐中枢が刺激されることによっておこる。転勤・転職など環境の変化，職場の人間関係，家族関係のトラブルなどで発症することが多い。	精神的なストレスなど
メニエール病	めまい	主にストレスが原因の回転性のめまい。ストレスに加え，疲労や季節の変わり目などによる自律神経の乱れをきっかけとして発症する。30～40代の女性に多いのが特徴。天井や壁など周囲の物がぐるぐるとまわり，体が上下左右に動いて回転する感じが特徴。突発的におこり，立っていられなくなる。	精神的なストレスなど
高血圧症		動脈硬化につながる生活習慣病の一つ。血圧が基準値をこえると脳卒中や心筋梗塞を引きおこす危険性が高まる。ほとんど症状がないが，血圧の上下により，頭痛，耳鳴り，肩こり，めまい，動悸，吐き気などを感じることがある。	食生活，塩分過剰摂取，肥満など
慢性じんましん	皮膚のかゆみ	皮膚の一部が赤くなり，一か月以上かゆみが続く。原因が特定できないことが多い。はアレルギー体質やストレス，疲労などが原因でおこるが，ストレス性のものは長引く。	精神的なストレスなど

やっぱりストレス！

神経性嘔吐症もストレスが関連する病気と考えられています。これは，原因が思い当たらないにもかかわらず，頻繁に吐き気や嘔吐をくりかえすというものです。
転勤や転職，引っ越しといった環境の変化，職場の人間関係や家族関係のトラブルなど強いストレスがきっかけになる場合が多いとされています。

ふむふむ。

過換気症候群もストレスが原因の病気です。急に呼吸が速くなり，息を吸っても息苦しさが増すパニック発作を引きおこすというものです。**過呼吸症候群**ともいわれます。
過呼吸は非常に興奮したり緊張したりしたときにおこります。**交感神経の過剰な刺激**にともない，発作がおきると考えられています。多くの場合，特別な治療は必要なく，ストレスを制御することで発作をおきにくくできるようになります。

ストレスに起因する病気って本当にたくさんあるんですね。

ええ。**慢性頭痛**もストレスが関連するものが少なくありません。
慢性頭痛は，病気などの原因がないにもかかわらず症状が消えないのが特徴です。寝不足や生活習慣の乱れ，騒音，人混み，不安などによっておこります。

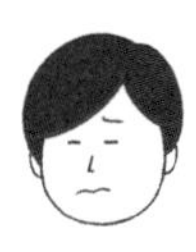

私も忙しいときや，寝過ぎたときとかに，よく頭痛に悩まされるんですよね……。

慢性頭痛には，脳血管のけいれんによる片頭痛，肩や首などの筋肉の緊張による緊張型頭痛のほかに，心の問題による心因性頭痛などがあります。
これらの頭痛は重症化の心配はないものの，痛みが何年も続く場合があります。いずれも薬物療法が中心ですが，改善されない場合は，頭痛専門外来がある病院で診てもらうとよいでしょう。

やっぱり専門医に診てもらったほうがいいですね。

さて，**メニエール病**はストレス性のめまいと考えられています。30〜40代の女性に多いのが特徴で，天井がぐるぐるまわるような回転性のめまいがくりかえしおこり，立っていられなくなります。これは，平衡感覚をつかさどる内耳の中のリンパ液が増えることでおこるとされています。

メニエール病にかかって休養したという有名人の報道を聞いたことがあります。
何が原因で発症するんでしょうか？

ストレスに加え，疲労や季節の変わり目などによる自律神経の乱れが発症のきっかけとみられています。治療は症状に応じた薬物療法が中心です。
睡眠や休息を十分にとるなど生活改善に努めることも大切です。

こんなに多くの病気が自律神経と関連しているなんて，おどろきですよ。

いやいや，このほかにも「高血圧症」「不整脈」「円形脱毛症」「慢性じんましん」「更年期障害」「慢性疲労症候群」「胆道ジスキネジー」「慢性疼痛」「神経性咳嗽」「多汗症」「口腔異常感症」「神経性頻尿」などがあります。

ひぇ〜
とてもおぼえられません！

自律神経失調症とまちがわれやすい病気

先ほどは自律神経失調症と関連の深い，自律神経失調症の仲間をいくつか紹介しました。そのほかにも自律神経症状が見られる病気は数多くあります。
しかし自律神経失調症だと勝手に判断していたら，深刻な身体的な病気の初期症状だったというケースもあります。
数週間も症状が続く場合や違和感を覚えた場合は，先のばしにすることなく，一度検査を受けるようにしましょう。

自律神経の乱れだと思って軽く見ていたら，重大な病気が隠れている可能性もあるんですね。
自律神経失調症にまちがわれやすい病気にはどのようなものがあるんでしょうか？

では，身体疾患と精神疾患の両面から見ていきましょう。まず，身体疾患の筆頭としては**糖尿病**があげられます。

糖尿病？

そうです。糖尿病は，血糖値を下げる**インスリン**というホルモンがうまくはたらかなくなり，血糖値が高くなる病気です。糖尿病はインスリンの分泌が少ない１型糖尿病と，インスリンのはたらきが悪くなる２型糖尿病の二つに大別されます。
圧倒的に多いのは後者の２型糖尿病です。原因は遺伝的な体質のほか，過食や運動不足などの生活習慣の乱れ，肥満，ストレスといわれています。

うーむ，ストレスも関係しているのはわかりましたけど，糖尿病の症状って，自律神経失調症に似ているんですか？ちょっと，そうは思えませんけど……。

糖尿病の症状としては，のどの渇きや倦怠感，多尿などがあります。そのほか，神経障害や網膜症，動脈硬化による脳梗塞や心筋梗塞など命にかかわる合併症の危険性もありますが，こうした合併症にともない，さまざまな自律神経症状があらわれるようになるんです。

なるほど，合併症によって，いろいろな自律神経の症状が出るってことか。

次に，**がん**があげられます。
がんは体のあらゆる臓器や組織にできる悪性腫瘍です。がんは，遺伝子や発がん物質のほか，喫煙や飲酒，食生活，ストレスなど生活習慣が影響をあたえていることが知られています。そのため，がんは生活習慣病の仲間だといわれており，発生部位によって自律神経症状がみられる場合があります。体調不良が長引いている場合は，早めの検査が大切です。

がんは早期発見が大切っていいますからね。

さらに**鉄欠乏性貧血**も自律神経症状が見られます。
これは赤血球のヘモグロビンに含まれる**鉄**の不足により体に十分な酸素が送れなくなる病気で，女性に多くみられます。倦怠感や動悸，息切れ，頭痛，立ちくらみなどの症状があらわれます。

これらの症状は，ストレスによる自律神経失調症の症状に似ていますね。なぜ鉄が不足するんでしょうか？

原因としては，偏食やダイエットによる摂取不足，胃腸に問題がある鉄の吸収不良，女性の場合は月経過多や子宮筋腫による出血などが考えられます。治療法には，鉄剤の処方や食事療法があります。

食事をはじめ，いろいろな原因があるんですね。

身体的な疾患だけでなく，精神疾患も自律神経失調症とまちがえやすい病気があります。
まず**不安症**です。
不安症は不安や恐怖などにより，社会生活や日常生活に支障が出る心の病気でしたね。
放置しておくと重症化したり，パニック症やうつ病を併発したりして，治療が困難になります。不安を恐れるあまり自宅に引きこもるケースもあります。適切な治療が必要な病気であり，早めの受診が大切です。

ほうほう，なるほど。

次に，**うつ病**も自律神経失調症に似ています。これもSTEP1で紹介しましたね。
うつ病は気分が落ち込み，気力や集中力を失い，何もやる気がおきなくなる心の病気です。
精神症状に加えて，倦怠感や疲労感，不眠，食欲不振，頭痛などの身体症状をともないます。治療法は，抑うつ症状を軽減させる薬物療法があります。心理療法も並行しておこなわれます。

自律神経失調症にまちがわれやすい主な病気と症状

病気	自律神経に関連する症状	症状	原因
糖尿病	のどの渇き、倦怠感、多尿・頻尿、急な体重減少など	細胞が血液中のブドウ糖（血糖）をエネルギーにかえたり、余った血糖を別の形で体に蓄えることで血液中のブドウ糖の濃度（血糖値）を一定の値に保つホルモン、インスリンの分泌やはたらきが悪くなるために、血糖値が高くなる。血糖値が高いままの状態が続くと、血管が傷つき、心臓病や、失明、腎不全、足の切断といった、糖尿病の合併症を発症する。糖尿病患者と予備群は合わせて約2000万人（2016年）いるといわれている。初期では自覚症状がなく、気づかないうちに進行することが多い。合併症を発症すると自律神経失調症状があらわれやすくなる。	遺伝、肥満、過食・運動不足・ストレスなどの生活習慣
がん	倦怠感、微熱、がんの部位の不快感など	肺、胃、腸、肝臓、乳房、皮膚など、体のあらゆる臓器や組織にできる悪性腫瘍。日本人の2人に1人は生涯でがんを発症する。年間100万人（2021年）ががんと診断され、日本人の死因の第1位を占める。発生部位によって自律神経失調症状がみられる。	遺伝、発がん物質、喫煙・飲酒・ストレスなどの生活習慣
脳腫瘍	頭痛、吐き気、めまい、ふらつき、手足のしびれ、耳鳴りなど	脳内にできる腫瘍。頭痛や吐き気、嘔吐、視力低下などが症状としてあらわれる。腫瘍によって神経が圧迫されると、片方の手足・顔半分のしびれ、歩けない・ふらつき、言葉が出ない・人の言っていることが理解できない、視野が欠ける・二重に見える、ろれつがまわらないなどの言語障害などもみられる。	原因不明
鉄欠乏性貧血	倦怠感、動悸・息切れ、頭痛、立ちくらみ、青白い顔色など	取り込んだ酸素を体中に運ぶ赤血球のヘモグロビンに含まれる鉄が不足する病気で、女性に多くみられる。	偏食やダイエットによる鉄摂取不足、胃腸、月経過多、子宮筋腫
膠原病	発熱、倦怠感、疲れやすさ、筋肉や関節の痛み	血管や皮膚、関節などを形成するコラーゲンに炎症がおこり、全身に障害がおこる自己免疫性疾患の総称で、現在、関節リウマチや全身性エリテマトーデスなど30種類以上が膠原病に含まれる。本来、外部からのウイルスなどにはたらく免疫機能が自分の体の組織を攻撃する自己免疫によって引きおこされる。病気の種類によって、皮膚、筋肉、臓器に特定の症状があらわれるだけでなく、痛みやこわばり、発熱、倦怠感などの共通した全身症状もあらわれる。	遺伝要因と環境要因が複数関わる
甲状腺機能異常	発汗異常、動悸、倦怠感、意欲低下、冷え、手足のしびれ	甲状腺に異常が生じ、エネルギー代謝にかかわる甲状腺ホルモンの分泌に異常が出る病気。自己免疫疾患の一種。過剰にホルモンが分泌される甲状腺機能亢進症とホルモン量が減少する甲状腺機能低下症がある。圧倒的の女性に多くみられ、症状が似ていることから更年期障害にまちがわれることも多い。	原因不明
不安症	自律神経失調症状全般、とくに不安や恐怖感などの精神症状	不安感や恐怖感が強く、あわせて動悸や胸の痛み、息苦しさなどの身体症状が継続しており、社会生活や日常生活に支障が出るもの。かつてはノイローゼや神経症とよばれていた。現在、強迫症障害やパニック障害など、いくつかの病名に分けられる。	心的要因
うつ病	気分の落ち込み、無関心、無気力、不眠、倦怠感、頭痛など	気分が落ち込み、気力や集中力を失い、何もやる気がおきない状態が続く病気。気分や感情をコントロールできなくなる気分障害の一種。精神疾患に加えて、倦怠感や疲労感、不眠、食欲不振、頭痛などの身体症状をともなう。	心的要因

「うつ病」と「自律神経失調症」のちがい

先生，うつ病と自律神経失調症って，かなり症状が似ているような気がするんですけど……。

たしかに自律神経失調症は臓器や組織それ自体に目に見える異常が認められないことから，**心の病気**に含めることができるともいわれます。
一方うつ病も心の病気です。ストレスや環境の変化などが引き金となり，抑うつ気分や，興味・喜びの喪失が2週間以上続きます。さらにうつ病には不眠や睡眠過多，食欲の低下や過食，倦怠感，頭痛やめまいなどの身体症状もあらわれ，その中には自律神経のはたらきが乱れることで生じる症状があります。

やっぱり似ていそうです。どこがちがうんでしょうか？

自律神経失調症でも気分の落ち込みや気力の低下といった精神症状がみられますが，その程度はそこまで顕著ではありません。
それに対し，うつ病は気分の落ち込みの程度と期間が**異常にひどくなっている**という特徴があります。

うつ病のほうが気分の落ち込みが顕著なんですね。

また先ほども紹介したように，うつ病だけでなく，**不安症**も自律神経失調症と似た症状が出る心の病気です。
これらの心の病気と自律神経失調症は重なり合って移行することもあり，見分けることは簡単ではありません。
ですから，あやふやな情報をもとに自己判断するのは控え，症状がつらい場合には早めに医療機関を受診しましょう。
そして自律神経の症状が長く続くと，うつ病や不安症の発症につながることもあるので注意が必要です。

4

時間目

心と体を整えよう

STEP 1

医療機関でおこなわれる治療方法

ストレスによって心身に不調をきたしてしまった場合，私たちはどうすればよいのでしょうか。心身症，または自律神経失調症の判断基準や治療方法について見ていきましょう。

治療のはじまりはストレス源を正確に把握すること

3時間目では，心身症や自律神経失調症とはどのようなものなのかについてお話ししました。さて最後に，あなたが実際，心身症や自律神経失調症になってしまった場合，どのような治療がおこなわれるのか，具体的に見ていきましょう。

ぜひ知りたいです！

3時間目で，ストレスが関連して客観的に目に見えるまでに至った身体疾患を総称したものが心身症で，心身症は自律神経が関連して特定の臓器や器官に影響が出やすいとお話ししましたね。
そのため，心身症や自律神経失調症の治療では，まずストレスのプロセスが進行する要因を正確に把握することからはじまります。

ふむふむ。

ストレスのプロセスが進行する要因は，おおまかに3種類に分けて考えられています。
一つ目は**発症要因**です。これはたとえば，いじめやハラスメントといった対人関係や，試験や発表などといった評価場面や，引越や進学などといった環境変化など，直接的な出来事のことです。

ホント，こういう対人ストレスって多いですよね！
まずは「発症要因」をなくすことを目指さないと！

いやいや，確かにストレス対策では，直接的なストレス源の排除が重視されがちです。でも，それだけでは根本的な解決にはならない場合も多いんです。

そうなんですか。

続いて二つ目は，**背景要因**です。いつも自分や他人を責めてしまうようなゆがんだ思考のくせを本人が持っていたり，職場環境が自分の特性や価値観に合っていなかったりすると，慢性的にストレスのプロセスが進行し続きやすいわけです。このような**心理的・社会的な背景**が，心身症などのストレス性疾患の背景にある場合も多いといいます。

うーむ。これは発症要因とちがってわかりにくいですね。

そうですね。そして三つ目が，**維持増悪要因**です。ストレスによる頭痛やめまいといった症状への不安がさらにストレス刺激となり，症状が悪化する**悪循環**におちいってしまうこともあるのです。

ポイント！

ストレスのプロセスが進行する要因は大きく3種類に分けられる。

発症要因……対人関係や環境変化など，直接的な出来事のこと。

背景要因……ストレスのプロセスを促進させてしまう心理的・社会的な背景のこと。

維持増悪要因……ストレスによる身体症状への不安がさらにストレス刺激となってしまうこと。

これはしんどいですね。ただでさえ強いストレスになっているのに，それがさらにストレスをよんでしまうなんて。

そうなんです。心身症などのストレス性疾患や自律神経失調症の治療では，ストレスを解消する前に，どのような要因が問題になっているのかを正確に把握しなければなりません。

まずそうした要因をちゃんと把握してから，具体的な治療がほどこされるわけですね。

そうですね。しかしその前に，さらに大切なことがあります。心身症や自律神経失調症の患者さんは，自分の病気を単なる身体症状と考えてしまっています。そのため，**治療の前に，患者さん自身がその疾患に至った心理学的側面について，よく理解する必要があるのです。**

今あらわれている不調は，臓器に病変があるせいではなくて，心理的な要因からきていることを，患者さん自身が理解しなくてはならないんですね。

そうです。そのうえで，患者さんが抱え込んでいる不安を軽減させていけるように，実際の治療は進みます。

なるほど。

体と心の両方にはたらきかけるいろいろな治療法

さて，心身症や自律神経失調症の実際の治療は，**身体療法**と**心理社会的治療**を組み合わせておこなわれます。
身体療法とは，身体に直接はたらきかける治療方法のことで，薬物投与などがおこなわれます。
一方で，心理社会的治療は，脳のはたらきと心理のそれぞれにはたらきかける方法で，主に心理療法（精神療法）やリハビリテーションがおこなわれます。

心理療法，ですか。

はい。これは**サイコセラピー**ともいわれるもので，投薬などをおこなわず，専門医や心理師との対話や訓練などを通じて，認知や感情，行動などを変えていき，精神的な健康の回復を目指す療法です。

なるほど。

特に，心理療法の一つで，リラクゼーションや呼吸法の訓練などを含む**認知行動療法**は有効な治療法です。この治療法については，またのちほど紹介しましょう。
また，治療にあたっては，患者さんの性格の傾向や考え方，価値観なども踏まえたアプローチも重要です。なぜなら，患者さんの性格の傾向なども，背景要因として心身症などのストレス性疾患の発症に強くかかわっているからです。

確かに……。深く考え込む人もいれば，私みたいな脳天気なタイプまでいろいろですもんね。
でも，その人の性格の傾向を把握するのはむずかしそうです。

患者さん自身に自己の性格傾向や考え方を洞察させ，それを徐々に変えていくきっかけにする，というかたちでおこなわれます。

なるほど。自分自身によって自分の考え方をよいほうにもっていけるようになることがポイントで，それを手助けする感じなんですね。

そうですね。状態に応じて，**生活指導**をおこなったり，不安や緊張を軽減するため**抗不安薬**を投与したりします。
また，ほかにも，不安を強めない行動パターンをつくるための**行動療法**なども有力な治療法で，呼吸法などを通じてリラックスする**自律訓練法**などが含まれます。

また，行動療法の一つに，生体のフィードバック機能を応用した**バイオフィードバック療法**も，心身症などのストレス性疾患の治療法として近年注目されています。

ばいおふぃーどばっく，ですか。はじめて聞きます。フィードバックって言葉は仕事ではよく使いますが……。

一般的に，問題点を言葉やデータにして相手に示し，軌道修正をすることをフィードバックといいますよね。生体では，たとえばホルモンの分泌が基準値をこえると，脳が感知して別なホルモンを分泌し，基準値へ戻すようにはたらきます。
バイオフィードバックとは，こうした，私たちの体にもともと備わっている大切な自律機能のことです。

フィードバック機能によって，体の状態が一定に保たれているわけですね。

その通りです。バイオフィードバック療法では，血圧や心拍，筋肉の動き，皮膚の温度，脳波など，自発的な制御ができない生理的な変化を専用の機械で測定し，知覚可能な目に見える情報にして患者さんにフィードバックします。
そして，その生物学的（バイオロジカル）なデータを手がかりに，筋肉の緊張や心臓のドキドキといった異常な状況を，自分自身で意識的に調整できるように訓練するのです。

うーむ。つまり，自分の生理状態を意識させてあげて，意識的に調節できるようにみちびくってことですか。

かなりおおまかな説明ですが，そういうことです。
心身症や自律神経失調症の身体症状については，臨床各科の領域にわたるので，その治療は対象の診療科でおこなわれるのが一般的です。
また，日本では**心療内科**として，心身医学的治療を専門におこなう医師も心身症の治療にたずさわっています。

ポイント！

心身症などのストレス性疾患の治療は，心と体の両方にはたらきかける

身体療法……身体に直接はたらきかける治療。
- 薬物療法など。

心理社会的治療……脳と心理のそれぞれにはたらきかける療法。
- 心理療法（精神療法）
- リハビリテーション　など。

つらい症状をやわらげる「薬物療法」

それではここから，もしさまざまな検査でも目に見える異常や身体的な病気が見つからず**自律神経失調症**を疑われた場合，どのような治療がおこなわれるのか，具体的に見ていきましょう。
まずは，冒頭でお話ししたように，ストレスのプロセスが進行してきた要因を明らかにし，ストレス源の除去や生活習慣の改善指導を第一におこなっていきます。
そして，自律神経失調症では，主に**薬物療法**，**心理療法**，**物理療法**の三つを組み合わせた治療がおこなわれます。

ふむふむ。

ただし，ここまでお話しした通り，自律神経失調症は，病態が特定された病名ではなく，自律神経の乱れに関連する症状の総称です。したがって治療ガイドラインもありません。このため，治療方針が診療科や医師によってことなる可能性があります。
また，患者によって症状や重症度もことなるため，どのような治療法が有効なのかも個人差があります。その点を押さえておいてください。

わかりました。

それでは，薬物療法，心理療法，物理療法それぞれについて，一つずつ紹介していきましょう。
まずは，**薬物療法**からです。

残念ながら，薬で自律神経失調症を根本から治すことはできませんが，薬でつらい症状をやわらげることはできます。

対症療法ということですね。

そうです。自律神経失調症に用いられる主な薬は，大きく二つに分けられます。それは，ストレスをやわらげるための**心の薬**と，体の症状をやわらげるための**体の薬**です。

心の薬と，体の薬……。

心の薬としては，興奮をしずめ，リラックスをもたらす神経伝達物質の**GABA**（γ-アミノ酪酸）のはたらきを助けたり，精神を安定させる神経伝達物質**セロトニン**を調節して，不安や緊張をやわらげる**抗不安薬**，落ち込んだ気分をやわらげる**抗うつ薬**があります。

抗不安薬や抗うつ薬は，神経伝達物質に作用するんですね。

そうです。一方，体の薬としては，不快な症状や痛みを抑える**鎮痛薬**や**抗炎症薬**があります。下痢止め薬や，胃腸薬なんかもそうですね。
また，抗不安薬や抗うつ薬を使っても眠れない場合にはぐっすりと眠るための**睡眠薬**や，自律神経失調症状をやわらげる**自律神経調整薬**が処方されることもあります。

たとえば**起立性低血圧**には，起床時の飲水と昇圧薬（ミドドリン塩酸塩など），**頻尿**（過活動膀胱）には膀胱をゆるめる薬，**便秘**には便秘薬，**発汗過多**には塗り薬（塩化アルミニウム液など），A型ボツヌリス毒素の局所注射などが用いられることもあります。

なるほど！

また，女性の場合，女性ホルモンの乱れが強い場合は**ホルモン製剤**が処方されることもあります。また，先ほどもお話ししましたが，最近では**漢方薬**を処方して，**体質改善**をはかる医師も増えています。

こんなにそろっているなんて，薬物療法は対症療法としてバッチリですね。

そうですね。**症状が多岐にわたれば，薬の種類が増える場合もあるでしょう。しかし，薬物療法では，薬をむやみにこわがらないことが大切です。**
ただし，薬物療法を効果的に進めるためには，いくつかの**心得**や，服用する際の**注意点**があります。

心得や注意点，ですか。いわれてみれば，今までちゃんと教えてもらったことはないかもしれません。どんなことでしょうか。

ポイント！

心の薬……神経伝達物質に作用して，緊張や不安をやわらげたり，落ち込んだ気分をやわらげる。抗不安薬・抗うつ剤など。

体の薬……不快な症状や痛みを抑える。下痢止め薬，胃腸薬，睡眠薬，自律神経調整薬など

まず基本的なことですが，**服用の時間や量，回数などは医師の指示を守ること。**
お茶や牛乳，ジュースなどと勝手に一緒に服用しないことです。もちろん，服用後の飲酒もひかえましょう。

ジュースやアルコールはNGという注意書きがある薬も多いですね。

そうです。薬によっては，飲み合わせるものの成分によって効果がうすれてしまったり，逆に効果が出すぎてしまうことがあるのです。薬の効果がうすいと症状が改善されず，悪化してしまうことにつながりますし，効果が出すぎると，副作用のおそれがあります。

こわいですね。

特にアルコールは，睡眠導入剤や精神安定剤などの場合，効果が増強して昏睡状態におちいったりする危険があります。また，消炎鎮痛剤の場合は，胃や腸の粘膜を刺激し，出血してしまうこともあります。

お酒と薬は絶対にダメですね！

その通りです。次に，**自己判断で薬の量を加減したり，または飲むのをやめてしまったりしないこと。**
処方された薬の種類が多かったり，長期間，薬を飲み続けたりしていると，「こんなに飲んでいいのだろうか」「飲み続けると体に悪影響が出るのではないか」と不安になることもあるでしょう。

確かに，量が多いとちょっと心配にまりますよね。

また，薬を飲んで症状が軽くなれば，「もう飲まなくても大丈夫なんじゃないか」と思う人もいることでしょう。

それはありますね！　風邪薬でも，治ったら服用をやめて余ってしまうことがあります。治ったら服用をやめるのは，よくないんですか？

はい，それはダメなこともあるんです。
うつ病の薬を例に見てみましょう。最近では，従来の抗うつ薬に加えて，副作用の少ない**SSRI**（選択的セロトニン再取り込み阻害薬）が広く使われるようになっています。

セロトニンは，リラックスに関連する神経伝達物質で，気持ちを安定させるはたらきにかかわるんでしたよね。
うつ病の人の脳では，このセロトニンのはたらきが不足しているというお話でした。

その通りです。
シナプス間でセロトニンが放出されると，特定の神経細胞が受容して情報が伝達されます。
その際，受容されなかったセロトニンは，放出した側のシナプスに再度取り込まれていくのですが，それを薬を使って意図的に防ぐことで，シナプス間のセロトニンの濃度を上げ，神経細胞のあいだの伝達を回復させるのです。

なるほど！　セロトニンが取り込まれないようにして，実質的に量を増やすわけですか。

そうです。
SSRIを服用すると，数時間でシナプス間隙のセロトニン濃度は上昇します。しかし，抑うつ状態を改善するには，最低でも数週間，服用を続ける必要があります。

セロトニンの量は増えるのにですか？

そうなんです。この時間的な遅れは，セロトニンの量が増えることで神経細胞間の情報伝達が活発になり，神経細胞から**BDNF（脳由来神経栄養因子）**というタンパク質の分泌量が増えることと関係していると考えられています。

脳由来神経栄養因子？

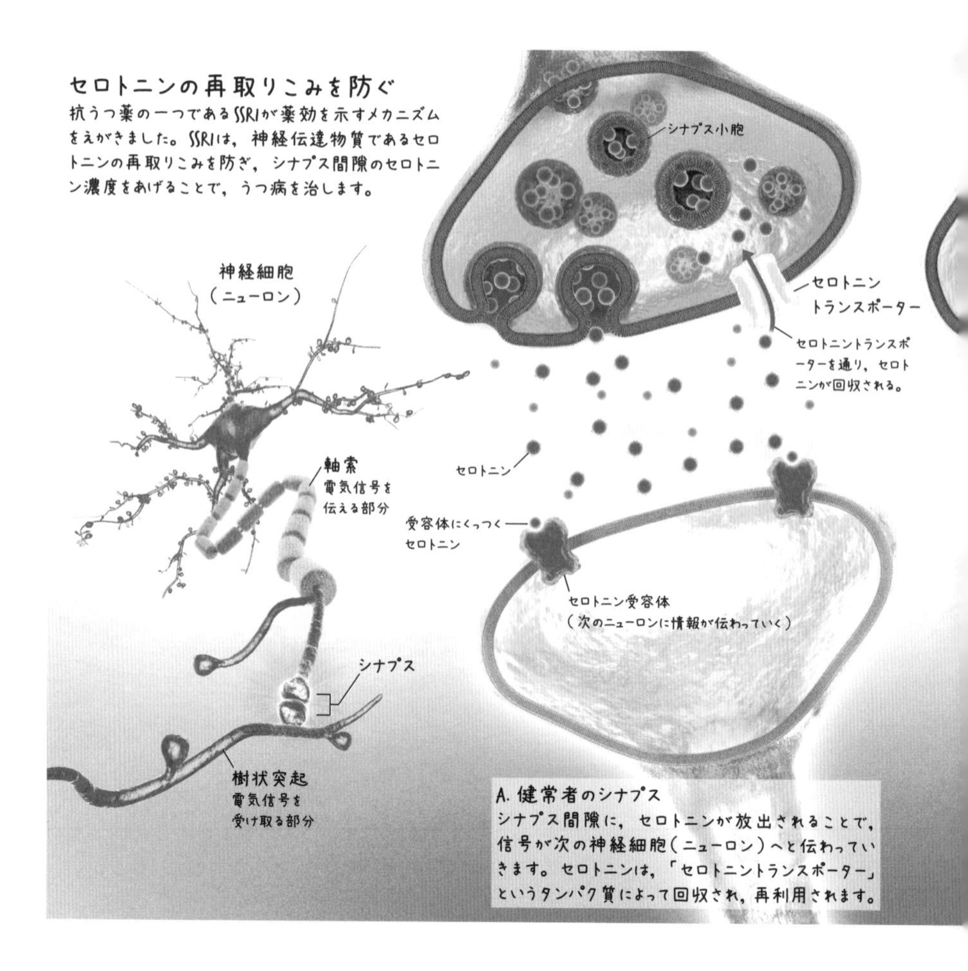

はい。BDNFは，神経細胞の成長をうながすタンパク質です。**セロトニンが増えると，BDNFの分泌量が増えて，海馬などにおいて神経細胞が樹状突起をのばしたり，ほかの神経細胞とのシナプスをつくることを促進したり，新たな神経細胞がつくられたりすると考えられているんです。**

樹状突起って，神経細胞の送信ケーブルでしたね。BDNFのおかげで，脳の神経細胞同士のつながりが活性化するわけですか。

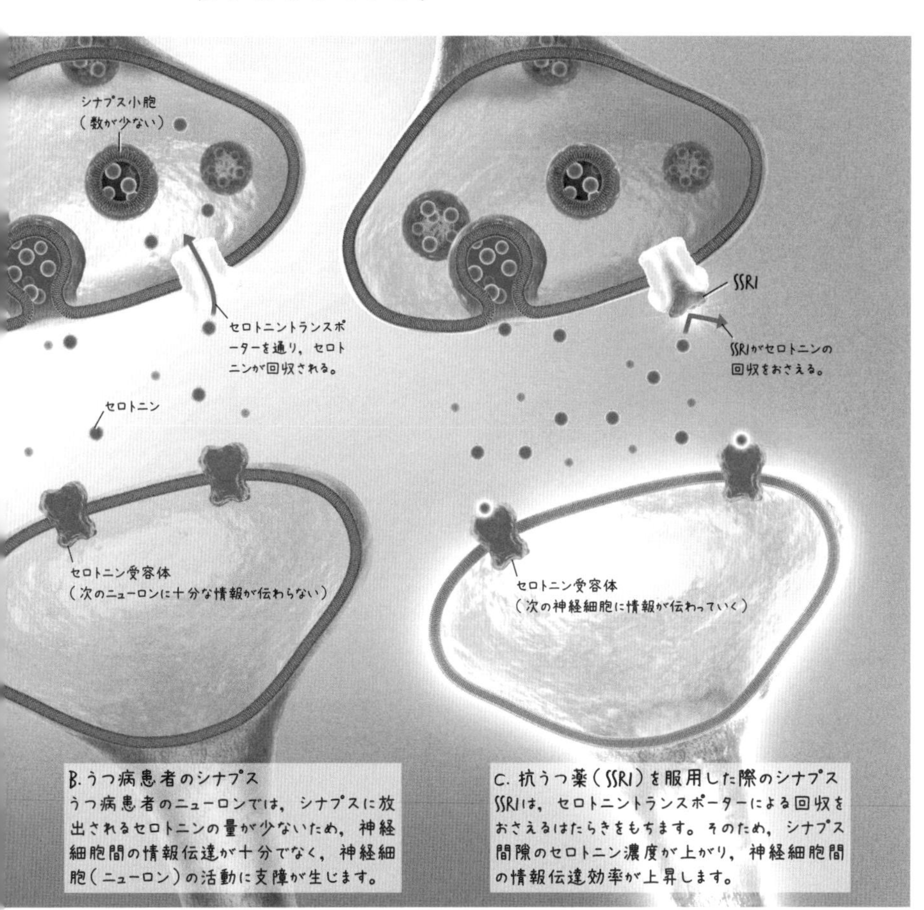

B. うつ病患者のシナプス
うつ病患者のニューロンでは，シナプスに放出されるセロトニンの量が少ないため，神経細胞間の情報伝達が十分でなく，神経細胞（ニューロン）の活動に支障が生じます。

C. 抗うつ薬（SSRI）を服用した際のシナプス
SSRIは，セロトニントランスポーターによる回収をおさえるはたらきをもちます。そのため，シナプス間隙のセロトニン濃度が上がり，神経細胞間の情報伝達効率が上昇します。

そうです。
うつ病の改善には，セロトニンの増加にともなう，BDNF分泌の増加が重要だと考えられているのです。そして，この効果があらわれるまでには，約2週間以上の一定の時間がかかり，効果が安定するのに数か月から1年間ぐらいは飲み続けることが重要なのです。

なるほど……。かなり時間がかかるんですね。
「あんまり効いてないなぁ」と思って飲むのをやめてしまうと，せっかく神経細胞のつながりが活性化しようとしてアイドリングしているのに，それを止めてしまうことになるわけなんですね。

その通りです。これはSSRIに限ったことではありません。自己判断で薬の量を増やしたり減らしたり，または飲むのをやめてしまったりすると，効果を得られないばかりか，症状の悪化を招くことにもつながり，結局，治るまでにまわり道することになってしまうこともあるのです。

わかりました。以後，薬を飲むときは気をつけます。

それから，薬には**副作用**がつきものです。もし，薬を飲んだあとに体にいつもとはちがう変化が出た場合，必ず医師に相談して指示を仰いでください。
また，高齢者は薬が効きやすく，多種類の薬を服用している場合は副作用もあらわれやすいので注意が必要です。さらに，自己判断で薬をむやみにほしがらないことも大事です。

自律神経失調症の薬物治療に用いられる主な薬

薬の種類	特徴	一般名
自律神経調整薬	自律神経のバランスを整え，正常に近づける。	トフィソパム，ガンマオリザノール
抗不安薬（ベンゾジアゼピン系）	ギャバ（GABA，γ-アミノ酪酸）のはたらきを助け，不安をやわらげる。筋肉の緊張をやわらげる作用もあるため，めまいや頭痛の治療にも用いられる。	エチゾラム，クロチアゼパム，ジアゼパム，アルプラゾラム，ブロマゼパム，ロラゼパム，ロフラゼプ
抗不安薬（ベンゾジアゼピン系以外）	セロトニンを調整するはたらきがある。主として抑うつ，不安，焦り，恐怖，不眠の症状を改善する。	タンドスピロン
睡眠導入薬	睡眠障害のタイプ（入眠障害，中途覚醒，早朝覚醒，熟眠障害）に合わせて，適切な時間だけ作用する薬が処方される。また，従来の睡眠薬よりも副作用が比較的少ない新しい睡眠薬が，複数普及している。	超短時間作用型：ゾルピデム，トリアゾラムなど 短時間作用型：ブロチゾラム，リルマザホンなど 中間作用型：ニトラゼパム，フルニトラゼパムなど 長時間作用型：クアゼパム，ハロキサゾラムなど 新しい睡眠薬：スボレキサント，レンボレキサント（覚醒状態の維持にかかわるオレキシンという脳内物質が，受容体に結合するのを阻害する）
抗うつ薬（SSRI）	セロトニンなどのはたらきをよくする。憂うつ感や意欲低下を改善する。	フルボキサミン，パロキセチンなど
抗うつ薬（SNRI）	セロトニンやノルアドレナリンのはたらきをよくする。憂うつ感や意欲低下を改善する。	ミルナシプラン，デュロキセチンなど
抗うつ薬（NaSSA）	SNRIとはことなるアプローチでセロトニンやノルアドレナリンのはたらきをよくする。不安感や不眠などを改善する。	ミルタザピン
ホルモン製剤	2種類の女性ホルモン（エストロゲン，プロゲステロン）のバランスを整える。	エストロゲン製剤，黄体ホルモン製剤，エストロゲン・黄体ホルモン配合剤

ポイント！

薬物療法の心得

- 薬をむやみにこわがらない。
- 服用の時間や量，回数などは医師の指示を守る。
- 自己判断で薬の量を加減したり，飲むのをやめてしまったりしない。
- 副作用はつきもの。副作用が出た場合は，必ず医師に相談する。

対話によって気持ちをほぐす「カウンセリング」

続いて，**心理療法**について見ていきましょう。
ここまでお話ししてきたように，自律神経失調症はストレスというプロセスに大きな影響を受けます。そのため，まずは今の心の負担を取り除いて元気を取り戻し，続いて，今後ストレスフルな環境に置かれても押しつぶされないように，ストレスに強くなるための訓練をします。
このような治療が**心理療法**です。
心理療法は，薬物療法と合わせておこなうと再発予防にも効果的です。

先生，心理療法ってひと口にいっても，具体的にどういったことをするんでしょう？

実際，心理療法にはさまざまな種類がありますが，最も基本的なものが**支持療法（一般心理療法）**とよばれるものです。これは医師や心理師などの専門家との対話で問題点を改善しようとするもので，「受容」「支持」「保証」の三つのステップで進めます。

段階があるんですね。

ええ。まず「受容」では，つらい思いをしてきたご本人の気持ち（感情）をそのまま受け入れ，患者さんに心を開いてもらいます。

そして「支持」では，「つらかったですね」など，患者さんの苦労を認めて支えます。さらに「きっとよくなりますよ」と患者さんに回復の希望をもたせるのが「保証」です。

なるほど，急に核心をつくわけではなくて，少しずつ気持ちをほぐしていく感じなんですね。

はい。こうした支持療法（一般心理療法）の中でよく知られているものが**カウンセリング**です。これは，専門の訓練を受けた臨床心理士やカウンセラーといった心理職などの専門家が，時間をかけて患者さんとの対話をする心理療法です。

カウンセリングはよく知っています。最近では，スクールカウンセラーさんを配置して，子どもたちの心のケアをするとか，よく聞きます。

そうですね。カウンセリングの定義は厳密には定まっていませんが，「公認心理師や臨床心理士などの専門家が患者と１対１で対話をしながら進める心理的なサポート」といえます。カウンセリングは医療機関の精神科や，心療内科などのほか，非医療機関でも実施しています。

ポイント！

心理療法①

カウンセリング

公認心理師や臨床心理士などの専門家が，患者と対話をしながら進める心理的なサポート。

話を聞いてもらえるだけでもずいぶん気持ちが楽になりそうですね。

そうですね。精神科でのカウンセリングは精神科医と連携していて，医師が服薬やカウンセリングの必要性や頻度，方針などを提案する場合もあります。
一方，非医療機関では，カウンセリングは「あくまでも当事者本人の要望に即しておこなう」のが基本です。

ふむふむ。

特にうつ病の場合，他者との対話がむずかしい場合や，カウンセラーと対面して話すことが大きな負担になる場合は，十分な休養や薬物治療が優先で，カウンセリングはおこないません。
一般にカウンセリング実施の条件として，**「本人が十分に考えて話せる状態であること」，「うつ病の背景に，本人の性格や考え方，行動パターンなどが影響していること」，「自身がカウンセリングの必要性を感じていること」**などがあげられます。

あくまで当事者本人の状態を見てっていうことですね。

そうですね。
さて，実際のカウンセリングでは，まず専門家が患者の話にじっくりと耳を傾けます。これを**傾聴**といいます。
そして，患者を受容しながら，患者の心の状態を理解し，当事者自身が主体的に問題を解決できるようにサポートしていきます。

じっくり話を聞くことを傾聴，というんですね。
なかなか時間がかかりそうです。それに，患者さんの状態も影響しそうですね。

まさにその通りです。カウンセリング中は，自分の心を開いて，リラックスして自身の感情を話すことが重要です。
とにかく第一歩は，カウンセリングを受けたあとに，「誰かにわかってもらえた」，「すっきりした」と思えることです。

なるほど。こうなると，患者とカウンセラーは長い付き合いになりそうですね。

そうなんです。治療効果を得るには，まず第一に本人と臨床家との**信頼関係**がきわめて重要になります。
カウンセラーと相性が悪い，カウンセリング内容が合っていない，変化を感じられない，続けたくない，といった感覚を抱いたら，正直にそのことも話し合ってみましょう。

刺激に慣れて不安を解消する「行動療法」

次に，認知行動療法についてご説明したいのですが，その前に**行動療法**についてお話ししましょう。
行動療法は，1950年代の終わりごろから開発が進められた治療方法で，主に行動に対してアプローチする療法です。認知行動療法は，この行動療法と，患者の認知（思考）にアプローチする認知療法が合わさったものなんですよ。

行動療法はそんなに古くからあったんですね。
どんなものなんでしょう？

たとえば，エレベーターの中や人ごみなど，何かを異常にこわがる，暴力をふるう，ギャンブルにはまる，といった問題行動をおこす人がいるとします。
行動療法は，こうした問題行動は，誤った学習をした結果として身についてしまったものだと考え，問題行動を改善するために，患者に正しい行動を学習させる療法です。

正しい行動を学習させるって，どうするんですか？

まず**曝露法（エクスポージャー法）**という方法があります。これは，不安・恐怖反応をおこす刺激に患者を長時間さらし，その結果生じる慣れによって，不安・恐怖の減少を目指す治療法です。

ええっ！　あえて不安や恐怖をおこす刺激にさらすなんて，大丈夫なんですか？

もちろん，いきなり強烈な恐怖にさらすわけではありません。不安・恐怖を生じさせる刺激を，最も強いものから弱いものまで順位づけをした**不安階層表**というリストがあり，それにもとづいて，弱い刺激から強い刺激へと段階的にさらしていくのです。

そういうやり方なら，心配なさそうですね。

それから，**系統的脱感作**という方法もあります。
これは，刺激をイメージしたり呈示したりしても，リラクゼーションできることを学ぶことで不安や恐怖を克服させていく治療法です。

こっちはただ刺激をあたえるだけではなくて，リラクゼーションができることを学んでもらうことが加わっているんですね。

はい。まず患者に不安・恐怖を打ち消すためのリラクゼーション法を習得してもらいます。
そのうえで，患者に不安階層表の最も弱い刺激をイメージしてもらい，不安が生じたらそれをリラクゼーションによって打ち消すことをくりかえしていくのです。
この手順で，不安階層表の最も強い刺激まで一つ一つ段階的に打ち消し続け，不安や恐怖の克服を目指すわけです。

なるほど……。不安や恐怖に“慣らしていく”という方法なんですね。

ポイント！

心理療法②

行動療法

問題となる行動を改善するために，患者に正しい行動を学習させる療法

- 曝露法（エクスポージャー法）……不安・恐怖反応をおこす刺激に患者を長時間さらすことで刺激に慣れ，不安・恐怖の減少をめざす方法。
- 系統的脱感作……刺激をイメージしたり呈示したりしても，リラクゼーションできることを学ぶことで，不安や恐怖を克服させていく方法。

認知のゆがみを直す「認知行動療法」

それではあらためて，**認知行動療法**についてご紹介しましょう。

認知行動療法は，専門の医師や心理師などとの会話を通じて，患者さんのゆがんだ物事のとらえ方や受け止め方，そして誤った行動パターンを患者さん自身が気づいて，自ら徐々に変えていく治療法です。

行動だけじゃなくて，考え方のパターンにも切り込んでいくんですね。

そうなんです。
先ほど紹介した行動療法は，本人の行動のみに注目して，この行動を変えることを目的とする治療でした。
しかし人の行動，認知（思考），身体の変化，感情，また，生活している環境などはたがいに影響し合っているものです。そして，それぞれの要素が悪い状態になると，ほかの要素にも悪影響が出て，負の循環が生まれてしまうんですね。

そうですね。いいことも悪いことも，いろいろなことが重なって引きおこされるものですよね。

そうです。ですから，問題行動や心身の症状には，本人の認知（思考）も影響していると考えられるようになり，行動とともに，認知のゆがみも修正していこうとする治療法が考えられるようになったのです。

なるほど。それが認知行動療法というわけですね。
具体的には一体どんな治療法なんでしょう。

たとえば,「失敗してしまったので私は負け組だと思う」とか,「いつも仕事を押しつけてくる同僚がいる。終業後に予定があったが,同僚に嫌われてしまうのがこわいので,仕方なく仕事を引き受けて先約をキャンセルした」などの状況が当てはまります。
こういった認知や行動のままだと,些細なことでもストレスがたまり,心がなかなか晴れません。

“負け組”とか,“嫌われたくない”とか,考えすぎな気がしますけど……。

そこで,患者さん自身が自分の思考や行動を振り返り,なぜそう思ってしまうのか,なぜそのように行動してしまうのかなどの癖を客観的に見つめ直すのです。

「負け組って何だろう」とか。「同僚はなぜ押しつけるんだろう」とかですか。

そうです。そしてさらに，ほかの考え方はないのか，ちがう行動をすればどうなるのか，も考えていきます。
そして，「こんなときはどのようにふるまうのがよいのか」を計画し，簡単にできそうな行動から実行していくのです。

それはちょっと面白そうですね。たとえば，どういうふうに考えていくんでしょうか？

たとえば“いつも仕事を押しつけてくる同僚”の場合，いつものように，終業間際に仕事を頼まれたとします。そのとき，「先約がある」と断ってみたらどうでしょうか？
もしかしたら同僚はほかの人に仕事を頼むかもしれません。

それなら，自分の先約を断ってまで無理して引き受けなくても大丈夫だった，ということがわかりますよね。

そうです。このように，「断ってもさほど悪いことはおきなかったな」ということがわかれば，その方法で次も対応すればよいのです。

でも，そのときもし同僚が不機嫌そうな顔をしたら？
新たなストレスになりませんか？

いやなこともあるかもしれませんが，その場合は，別の対応を考えてふたたび実行してみます。

なるほど。

こうした認知へのアプローチの具体的な方法の一つとして，**認知再構成**というものもあります。
これは，たとえば「顧客へのプレゼンテーションに失敗した」という場面を想像してもらい，そのときに感じるであろう気持ち（感情）とその強さを数値で書きだしてもらいます。

げげっ！　とんでもない数値になりますよ。

次に，そういう気持ち（感情）を生みだした思考とその確信の高さを数値で書きだしてもらいます。
その後，事実と照らし合わせてみて，この思考はどれほど正しいと考えられるものなのか，ほかに可能性のある考え方はなかったのか，という合理的な考え方を出してもらい，それがどれぐらい確かなことなのかを，数値化してもらいます。

プレゼンに失敗したときの衝撃な数値を，客観的に見てみる感じですかね。

はい。そして最後に，ここまでの作業を終えた現在のご本人の気持ち（感情）とその強さを数値で書きだしてもらうんです。
すると，悲観的な感情の強さが弱まっているということが，実際にあるのです。こうした認知のゆがみの修正が，認知再構成です。

な，なるほど！
よくよく考えれば，プレゼンに失敗したとしても，実はそんなにたいしたことじゃないかも，という思考にもっていけるわけですね。

そうなんです。こうした治療の体験を通して，自分のゆがんだ認知を客観的に見ることができるようになることもあります。また，自分のおちいりやすい思考のくせに気づき，より合理的な思考があることを理解するようになるのです。

物事を客観的に見るって，重要なことなんだなぁ。

ここでは，主に認知へのアプローチを中心に紹介しましたが，認知行動療法は認知だけではなく，ほかにもさまざまな手法があり，行動，身体の変化，感情，環境にもアプローチをしていこうという治療法です。

ポイント！

心理療法③

認知行動療法

専門の医師や心理師との会話を通じて，認知のゆがみを修正し，誤った思考や行動パターンを当事者自身が気づいて直していく治療法。

体をほぐしてリラックス！「物理療法」

精神的に疲れたときや，肩こりがひどいときなど，**マッサージ**や**お風呂**に入ったりすると気持ちがいいですよね？

はい。そりゃあもう。仕事で疲れて肩こりがひどい時など，マッサージをするとこりもなくなって，気分もすっきりしますね。

自律神経失調症では，体にこりや痛みなどのさまざまな症状があらわれます。これらの不快な症状を，体をほぐすことでやわらげるのが**物理療法**です。
マッサージや入浴のほか，**温熱治療**，**電気刺激**，**鍼灸**，**整体**なども物理療法としてあげられます。

マッサージも，自律神経失調症の治療と考えられるんですね。

マッサージは，体をもんだり押したりして，筋肉の緊張をほぐします。血液やリンパの流れがよくなるので，こりや痛みが軽くなると考えられます。
また，温熱治療は，赤外線や可視光線，蒸気やレーザー光線などを当てて体を温め，血液やリンパ液の流れをよくする治療法です。

お風呂に入って温まることと似ていますね。

そうですね。そして電気治療は，体に微弱な電気を流し，末梢神経を刺激して痛みを取ったり，筋肉を動かして血行をよくしたりします。
物理療法の一つである理学療法は病院で医師の指示のもとにおこなわれるほか，専門の治療院で施術を受けることもできます。症状がつらいときは，近所の治療院にいくのもよいでしょう。
ただし，施設によっては保険診療がきかないことがあるので，事前に確認しておくとよいでしょう。

保険適用外だと結構高いですよね。
でも，それで自律神経失調症が治るんだったら，よいのかも……。

いいえ，物理療法は一時的に症状が改善しますが，根本的な治療とはいえません。あくまでほかの治療の補助的なものとしておこなうものなんです。
それに，苦痛を取り除くために，毎日施術に通ったらどうなるでしょう。保険診療がきかないので，金銭的にはもちろん，時間的にも現実的とはいえません。

確かに，私のお財布には非現実的です。どうすればいいんでしょう……。

病院や整体などに通いつつ，普段は自宅でテレビを見ている時間や，家事や仕事などのすきま時間に，自分でマッサージや指圧をするとよいでしょう。
また，1日のはじまりや終わりにヨガや体操，ストレッチで体をほぐす習慣を生活に取り入れるのもおすすめですね。自宅でできる温熱療法としては，**カイロ**や**湯たんぽ**を使う方法などもあります。疲れたなと思ったら，自宅でやってみてもよいですね。

家でできるなんて，一番いいですね。

ポイント！

物理療法……こりや痛みなどの不快な身体症状を，体をほぐすことでやわらげる治療法。根本治療ではない。
マッサージ，温熱治療，電気刺激，鍼灸，整体など。

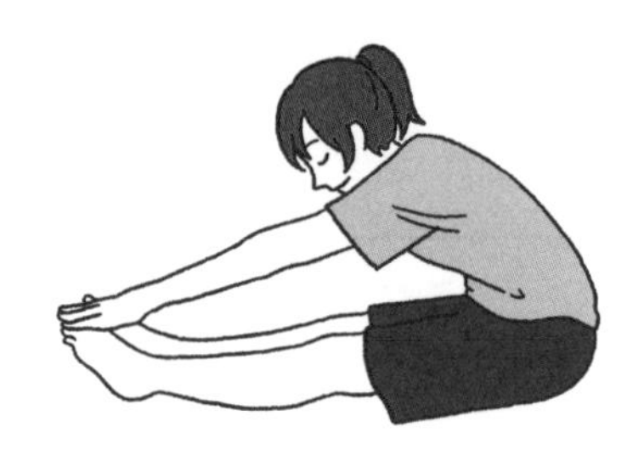

自律神経失調症かも？　と思ったら

さて，ここまで治療法についてお話ししてきましたが，自律神経失調症からさらに悪化させないために大切なことは，ちょっとした体調不良でも無視はせず，なるべく早く対処することです。

そうですよね。でも先生，ちょっとした体調不良ってつい見過ごしてしまいがちですよね。どのタイミングで病院に行けばいいんでしょう。

そうでしょうね。受診を考える基準としてたとえば，**「体調不良が2週間以上続いている」**，**「症状がどんどんひどくなってきている」**，**「日常生活に支障が出てきている」**といった場合が考えられるでしょうね。

症状がひどくて日常生活に支障が出ればさすがに病院に行きますが，何となく体調が悪いような場合は，2週間以上が目安なんですね。

そうですね。かかりつけ医がいれば，まずは相談するつもりで診てもらうとよいでしょう。はじめて受診する場合は，どこか近くの病院でもよいでしょう。
また，複数の症状に悩まされている場合は，最もつらい症状に合わせて受診先を選ぶことをおすすめします。

まずは，医師に診てもらうことですね。

さて，病院に行ったとしても，実は医師にとっても自律神経失調症とすぐに診断を確定させることはむずかしいんです。そのうえ，疑われる病気や似た病気がいくつもありますから，初診ですぐに正しい診断が下されるとは限らず，ある程度，時間がかかることもあると考えておいたほうがよいです。

確かに，検査してみないとわからないですからね。もしかしたら内臓に疾患があるかもしれないし。

そうですね。ですからまずは医師の診断にしたがって，ストレスに関連する要因を取り除き，生活習慣を整えて，場合によっては，症状の一部に合わせた処方薬を飲んで様子を見ることからはじまります。

なるほど，診断を確定する前にも段階があるわけですね。

そうです。また，以前にも同じような症状に悩まされた経験がある場合は，医師にそのことを伝えるとともに，大きな病院で精密検査を受けることも検討しましょう。

ふむふむ。

それから，自分の予測とはことなる診断結果を受けた場合には，担当した医師の話をよく聞き，納得のいく説明をしてもらいましょう。そのうえで医師の指示にしたがい，治療に専念することです。

わかりました。

それから，自律神経失調症をはじめ，ストレスが関連する病気の場合，治療が長期間におよぶ場合が少なくありません。当然，なかなか症状が改善しないと，このまま治療を続けていてよいものか，本当に回復するのかなどと不安感を抱くこともあるでしょうね。

そうですね。なかなか結果が出なくても，治療を続けないといけないんですか？　たとえば病院を変えるとかは，してもよいものなんでしょうか。

一つの目安として，最低でも**3か月間**は通院を続けるように，といわれます。それでも治療効果がみられない場合は，セカンドオピニオンを求めて転院を検討してもよいでしょうね。

転院かぁ……。また振りだしに戻るわけですね。

転院にもコツはあります。まず，安易に近くの別の病院を選ぶのでは，あまり大きな効果は期待できいかもしれません。また，転院により一から医師との信頼関係を築き直すことにはそれなりの負担がともないます。
転院するのであれば，十分に情報収集をしてから転院先を選ぶようにしましょう。

転院は3か月が目安なんですね。転院を決めるポイントみたいなものはありますか？

そうですね，まず「検査で原因となる病変がない場合」，「治療の効果が得られない場合」，「治ったり再発したりをくりかえす場合」，「検査結果や治療内容に納得がいかない場合」，「精神的な症状があらわれてきた場合」などです。

ポイント！

受診の目安

- 体調不良が2週間以上続いている。
- 症状がどんどんひどくなってきている。
- 日常生活に支障が出てきている。

転院の目安と基準

まずは3か月以上通院してみる。そのうえで，

- 検査で原因となる病変がない。
- 治療の効果が得られない。
- 治ったり再発したりをくりかえす。
- 検査結果や治療内容に納得がいかない。
- 精神的な症状があらわれてきた。

内科の検査で何も異常が見つからなかった場合は，**心療内科**を検討するとよいでしょう。高齢者の場合は**老年科**を受診するのもよいかもしれません。

心療内科とは，そもそもどういう科なんですか？

内科や耳鼻科などの一般身体科は，症状から身体の異常を突き止め，検査結果によって診断や治療をおこないます。このように，あくまで体が中心なので，原因が見つからない場合やストレスが関係する病気の場合，内科治療には限界があります。その場合，選択肢として心療内科があるのです。

なるほど……。

心療内科も体の病気や症状を対象にしていますが，一般的な内科とちがうのは，心理的影響によって生じる身体疾患を専門としているので，体と心の両面から総合的に治療するということです。心療内科では，その人のストレスの程度や性格，考え方にも目を向けて，病気の原因を丹念に探っていきます。

精神科も心の病気をあつかいますが，精神科とはまたちがうのでしょうか？

精神科は，うつ病や不安症，統合失調症などの心の病気（精神疾患）を専門としています。そのため，心の影響による身体疾患を専門とする心療内科と精神科では対象とする疾患が，厳密には異なるんですね。
しかし，どちらも“心”という対象の影響をあつかうだけに，両者の診療科の境界線は，実は明確ではありません。症状の状態や程度によっては，領域をこえて対応しているところもあります。

治療の第一歩は，不安や悩みを一人で抱え込まないこと！

これまで説明してきたように，ストレスに関連する心身の不調は，入浴や運動などである程度解消させることができます。しかし，強いストレスがある期間が長くなると，ストレス反応が非可逆的な（元に戻りにくい）病的状態になることがあります。

ストレス反応が戻らなくなるなんて，こわいですね。

日常生活の中で受けるストレス刺激のことを**ローリスクストレッサー**といいます。日常のささいなストレス刺激であっても，ストレス状態が3か月ほど続くと，元に戻りにくい病的状態に移行することもあると言われています。

しかし，いわゆる心的外傷後ストレス障害（PTSD）を引きおこすような，命の危機に直面するような強力なストレス刺激を受けた場合は，より短期間でも症状は非可逆的になります。

何らかのストレス反応を感じたら，早めの対処が重要ですね。

そうですね。このような元に戻りにくい病的状態になると，脳や臓器にさまざまな症状がみられるようになり，自力で解消することが困難になることもあります。
長く放置すればするほど回復がむずかしくなるので，ストレスに関連する体調の異変が長続きしていると感じたら，できるだけ早く医療を受ける必要があります。

受診の目安は体調不良が2週間以上続いたらでしたっけ。

ただし，もし，職場や学校での人間関係，仕事や家庭についての悩みなどで，身のまわりの環境を「とてもつらい」と感じているのなら，心療内科や精神科（メンタルクリニック）などを受診してみましょう。
その場合，自覚できる明らかな身体症状がなくても構いません。

体調に異変がおきていなくてもですか？

すでにひどいストレス状態になっていても，まひしてしまって症状を自覚すらできない状態になっていることも十分にあり得るのです。受診のタイミングに，早すぎるということはありません。

ストレスを自覚すらできていないこともありうるのか……。

そうなんです。日々の生活がつらい，不安から抜けだせない，夜眠れないなど，自分では些細な変化だと感じることでも，**これまでの自分と何かちがう状態が続いていると感じたら受診のタイミングといえるでしょう。**

今までの自分と照らし合わせることも重要なんですね。

しかし，日常生活に支障をきたすほどの明らかな障害があらわれていても，本人が病気だと自覚しない限り，どうにもなりません。そういう場合は，気がついた周囲の人が受診をすすめてあげることも大切です。
強いストレスがあり生活に支障をきたすほどの状態が続くと，脳の細胞がダメージを受けてしまうこともあり，受診が遅くなればそれだけ回復が遅れます。

何だか，私も病院に行ったほうがいい気がしてきました。

ストレスに関連する疾患や症状は，適切な治療を受ければ，改善していけるものです。不調を感じたら，遠慮せずに総合診療科，心療内科や精神科（メンタルクリニック）などを受診しましょう。もし心療内科や精神科に抵抗があるという人は，都道府県の**精神保健福祉センター**や**保健所**，**自殺総合対策推進センター**や**日本いのちの電話連盟（いのちの電話）**に相談することもできます。

いろいろ窓口はあるんですね。

また，ドメスティックバイオレンス（DV）など，法律が絡む悩みごとで不安やストレスを抱えている人には，都道府県の**女性センター**や**法テラス**などもあります。いずれにしても，**不安や悩みを一人で抱えこまずに，身近な人や専門家に相談することも，ストレスよる重大な影響から身を守る対策なのです。**

悩みは一人で抱え込まない！
これが秘訣ですね。

STEP 2

ストレスに負けない！セルフケアのススメ

ストレス社会に生きる私たちは，日常の中でさけられないストレスに，自分自身で対処することも大切です。さまざまな方法を学び，ストレスと上手に付き合いましょう。

ストレスと上手に付き合おう

さて，冒頭でお話ししたように，私たちの日常はストレスというプロセスを進行させる要因にあふれています。しかし，その原因はさまざまで，それを完全に取り除くことはできません。そのため，ストレス自体と上手に付き合っていくことも必要になってきます。
最後に，ストレスとの上手な付き合い方や，セルフケアについてお話ししましょう。

確かに，現代社会では，「ストレスをなくそう！」より「うまく付き合っていこう！」というほうが自然かもしれないですね。

そうです。ストレス対策や，ストレスとうまく付き合っていく方法を，**ストレス・マネジメント**といいます。

カッコイイ響きですね。でも，ストレスとうまく付き合うってむずかしそうです……。

確かに，ストレスや逆境を乗りこえられるかどうかは，おのおのの個人差も大きいですし，ストレスの種類，大きさや強さなどによってもちがってきます。
そこで，アメリカ心理学会では，ストレス対策の指針として，①ストレスとなる原因をさける，②笑う，③友人や家族のサポートを得る，④運動，⑤瞑想，の五つの方法を推奨しています。

ふむふむ。この五つのポイントのどれかに合うような方法を実践すればいいわけですね。

ポイント！

ストレス・マネジメント

ストレス対策や，ストレスとうまく付き合うこと。

ストレス対策の指針（アメリカ心理学会）

①ストレスの原因となるものをさける
②笑う
③友人や家族のサポートを得る
④運動
⑤瞑想

そうです。たとえば，ストレスに対処するには，まずその原因を見つけて，なるべく遠ざけてしまうことが最もよい対策となります。

①というわけですね。確かにそれが一番確実そうです。

しかし，自分の努力だけではどうにもできない場合もありますよね。そういうときは，**仲間**と楽しい時間を過ごすといったストレス・マネジメント法がよさそうです。信頼できて，連帯感を感じられる家族や仲間と楽しい時間を過ごすことで，ストレスとなっている現実から移行することができますし，悩みを相談でき，いざとなったら助けてもらえる仲間の存在は心強いですからね。

いいですね。確かに，気の合う仲間と飲んだり，しゃべったりするのは楽しいです。これは③にあてはまるのかな。②にもあてはまりそうです。

また，仲間がいなくても，**運動**や**瞑想**のように，一人でできるストレス・マネジメント法も非常に効果的です。

何だか，いろいろ浮かびそうです！

いろいろあげてみましょうか。
たとえば……**お笑い番組**などを見て大声で笑う，なんていうのも手軽でいいかもしれません。**カラオケ**に行って歌うのもいいですね。ちょっと変わったところでは，**絶叫マシーン**に乗って大声で叫ぶとか。
海や山へ出かけて**自然の壮大なパワー**を感じるとか……。

先生，ちょっと待ってください。ストレス・マネジメントって，すごくふつうのことじゃないですか？

そうですよ。ストレス・マネジメントは，特別なものではないんです。
もっと簡単なこともありますよ。単純に，仕事を家に持ち込まない，忘れたい思い出を思いおこさせるものはしまっておくとか。そんなふうに，一時的にでもストレスのもとを遮断する工夫も有効です。
外の空気を吸うというだけでもストレスの緩和になるんですよ。

そんな簡単なことだったなんて……。

そうでしょう。それから，人によって合うストレス・マネジメント法はさまざまです。社交的な人なら，仲間とのおしゃべりはストレスの緩和になります。社交が苦手で一人が好きな人なら，一人でのんびりと動画を観たり音楽を聴いたり，読書したりするほうがストレスの緩和になるでしょう。

本当に，人それぞれですもんね。

そうです。また，すぐに旅行や温泉に行けなければ，近所の公園を散歩すればよいのです。それだけでも，ずいぶんと気分がすっきりするでしょう。
つまり，自分に合ったストレス・マネジメント法をいくつか知っておくだけで，ストレスが強くても乗り越えやすくなるのです。

それがストレス・マネジメントの極意ってわけですね！私も，自分がスッキリできることを見つけてみます。「プレゼンに失敗したらどうしよう」と悶々として過ごすよりも，そのほうが楽しそうです。

もう一つ，**ストレスに強い体質づくり**もストレス・マネジメントには大切な要素です。体質づくりには，規則正しい生活習慣を整え，心身を健康に保つことが大切です。タバコは吸わず，アルコールも控えたうえで，バランスのとれた食事や十分な睡眠，適度な運動をしていると体の調子がよくなり，多少のストレスは気にならなくなってきます。

なるほど，シンプルですね。

また，疲労をためすぎないことも大切です。疲れたらゆったりとお風呂につかり，早めに寝ましょう。オンとオフのメリハリをつけ，休みの日にはスポーツをしたり，趣味を楽しんだり，旅行に行ったりしてリフレッシュすると，日ごろの悩みも軽くなるでしょう。

……でも先生，今おっしゃったことは，むずかしくはありませんが，仕事が忙しいと，なかなかゆったりする時間がとれそうにありません。

確かに，懸命にはたらいて会社の業績を上げることや，学校を休まないことはよしとされていますし，それ自体は悪いことではありません。
しかし，それらをつらい思いをしながらも，我慢し続けて頑張ってしまうと逆効果になり，やがて心が折れてしまいかねません。**つらいと感じることが続き，いつもの自分と違ってきたら，無理をせず，しっかり休むようにしたほうが明日への活力につながります。**

今無理をするか，1日ゆっくりして明日頑張るか……。考え方を変えてみるということですか。

その通りです。ほかにも，たとえばここぞという重要な局面では，「うまくできなかったらどうしよう」と悲観的になりがちですよね。そうではなく，**「大丈夫，自分ならできる」「だめでもともと」**と積極的または楽観的にとらえ，今できることに少しずつ対処していくほうがうまくいきます。

勉強になります。確かに，失敗するときはするし，うまくいくときはうまくいきますからね！

そうなんですよ。先ほどお話ししたように，ちょっと外の空気に当たって深呼吸をしたりストレッチをしたりすれば気分転換になり，緊張がほぐれたりします。試してみてください。

「体内時計」で生活リズムを整えよう

さて，日ごろの生活習慣を見直し，変えていくことで，自律神経を整えることができます。そして自律神経を整えるうえでまず大切なのは，1日の生活のリズムを整えることです。

1日の生活のリズム，ですか。

はい。私たちの体には約24時間周期の体内時計が備わっていて，1日の体のリズムを生みだしています。私たちが毎日決まった時間に目覚めることができるのは，体に備わっている約24時間周期の**体内時計（概日リズム）**のおかげなのです。

2時間目でお話がありましたね。自律神経は体内時計の針を調整しているということでした。

そうでしたね。
体内時計とは「1日のリズムを生みだすしくみ」のことです。私たちの体は，陽が上ると目覚めて活動をはじめ，夜になると眠くなります。1日のうちに体温や血圧はゆっくり増減し，体内時計の進みに応じて，睡眠または覚醒をうながすホルモンが分泌されます。

ふだん意識していないけど，不思議ですよね。

意識しなくても調整してくれているのが人間の体の自律調整機能のすごいところです。ただし，夜ふかしするなどして生活のリズムが乱れていると，体内時計もしだいに乱れていきます。
生活のリズムが乱れると，自律神経の調整もうまくいかなくなり，自律神経が乱れた状態につながりやすくなってしまうわけです。

生活のリズムを乱さないようにするには，どうすればいいのでしょうか？

まずは毎朝だいたい決まった時間に起きることからはじめることですね。目が覚めると交感神経活動が高まり，体が活動できる状態になります。また，**起きたらすぐ朝日を浴びることもよいです。**
2時間目でお話ししたように，体内時計は体中の器官に備わっていて，それらを制御する中枢の時計が脳にあります。中枢の時計の周期は，地球の24時間周期と少しずれがあり，そのずれが，朝日を浴びることでリセットされるのです。

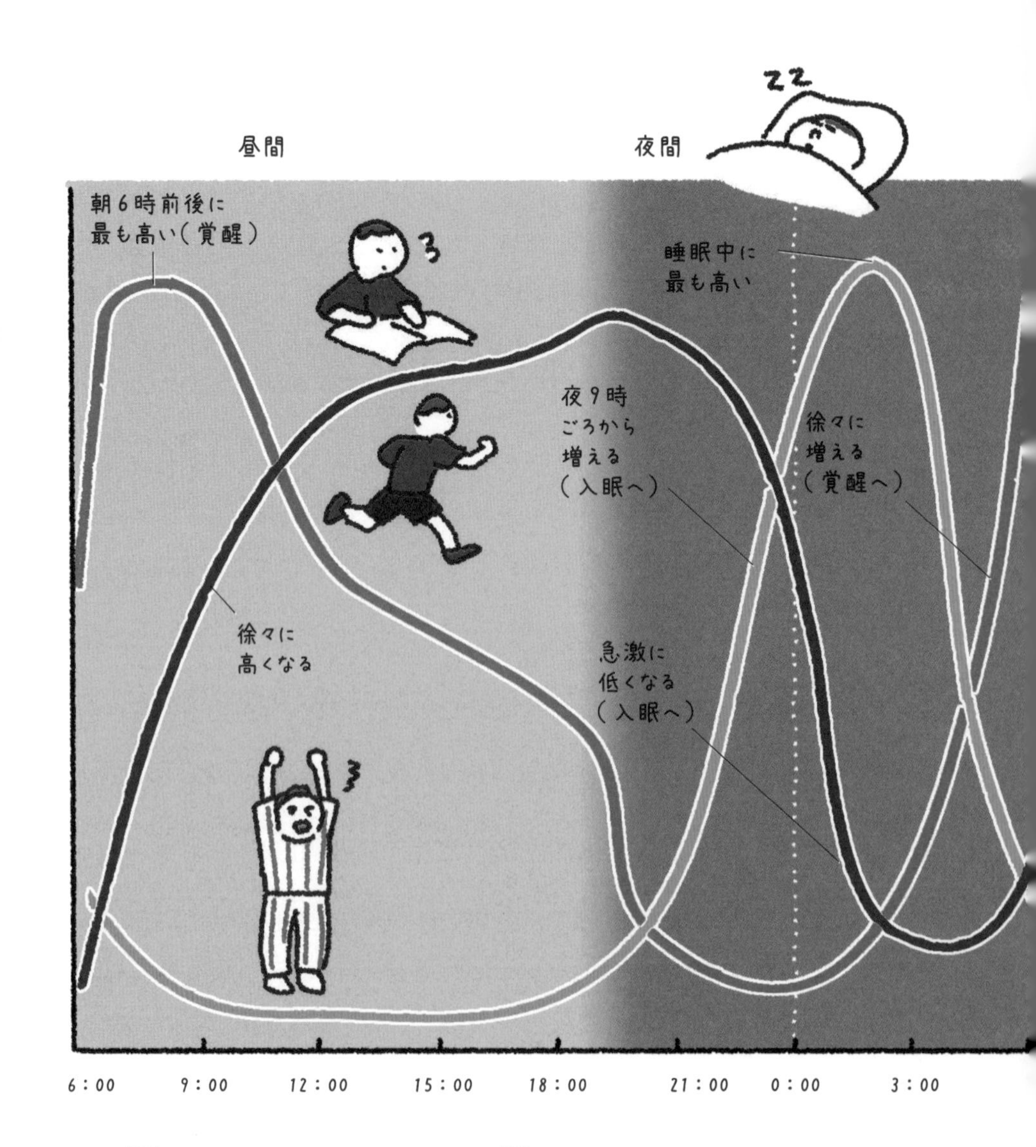

コルチゾール

覚醒に関係するホルモン。起床に向かって血中濃度が上昇し，6時前後に最大となります。

メラトニン

眠りに誘うホルモン。睡眠中に血中濃度が最大となります。

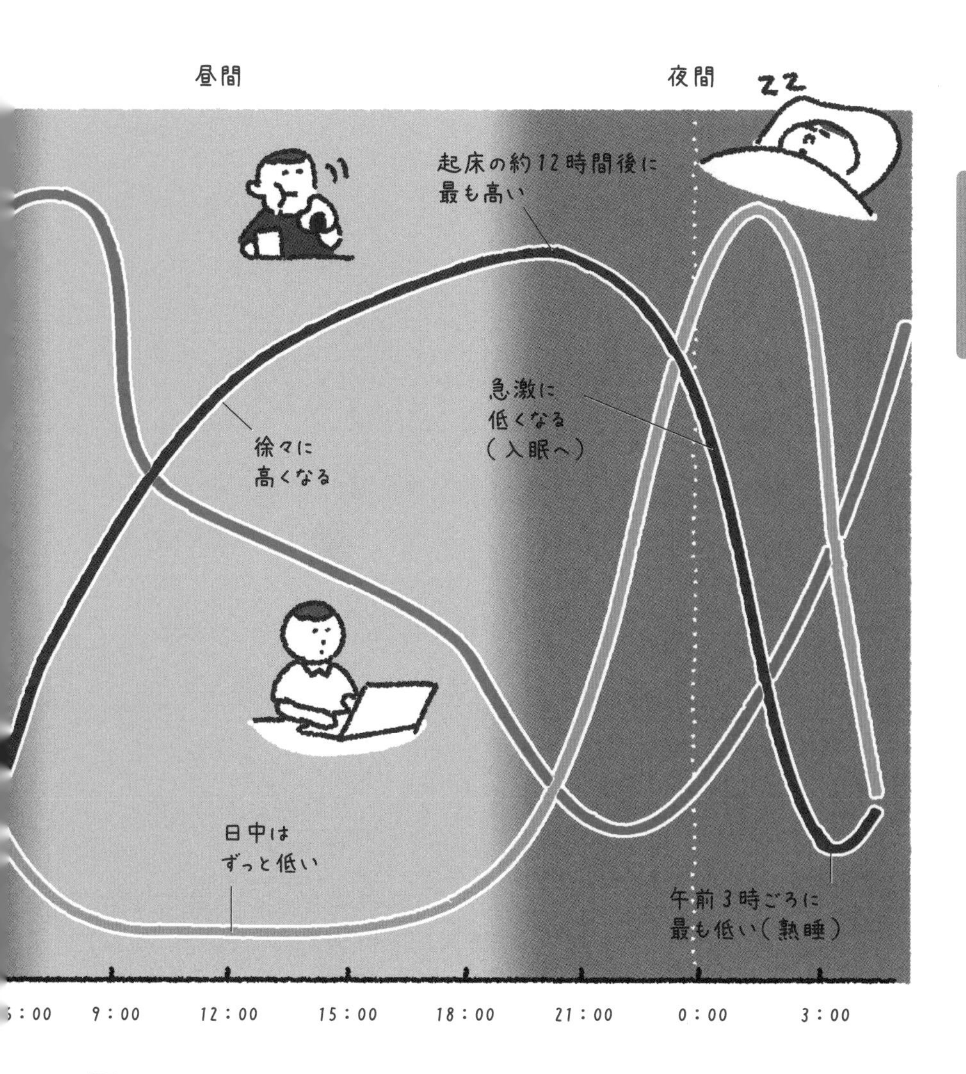

■ 体温（深部）

起床時の36℃台後半から徐々に上昇し，約12時間後に37.5℃弱に達します。その後，急激に低下し，起床前には約36.5℃まで下がります。

それから，朝日を浴びると，体内で**メラトニン**の合成が抑えられます。メラトニンは「睡眠ホルモン」ともよばれ，眠気を引きおこすはたらきがあります。つまり，朝日を浴びることで眠気がおさえられ，体が活動しやすい状態になるのです。
メラトニンは朝日を浴びてからおよそ14時間後にふたたび分泌されるので，夜には自然と眠くなります。

なるほど，夜眠くなるのは，メラトニンのはたらきだったんですね。

さて，次に大切なのが**朝食**です。朝食も毎日だいたい決まった時間にとるようにしてみましょう。朝食の栄養分が吸収されて，膵臓から，インスリンが分泌されます。ご飯やパンなどの炭水化物によって血糖値が上がりますが，インスリンのはたらきによって，標準値に下がっていきます。

インスリンは血糖値を下げるホルモンでしたよね。

そうです。また，インスリンは血糖値を下げるとともに，体内時計のリセットにも関与しているといわれています。朝あまり時間がとれない人は，少量でもよいので何か食べやすいものを口にするようにしてみましょう。
朝が苦手な人は，**シャワー**を浴びたり，**ランニング**や**散歩**など，体を動かすようにすると，交感神経の活動が活発になるため，体がすっきり目覚めてきます。

寝る前のスマホチェックは体内時計を狂わせる

今お話ししたように，自律神経を整えるうえで，睡眠-覚醒のリズムは大事な要素だとわかると思います。そして，質のよい睡眠をとるためには**夜の過ごし方**が鍵となります。

夜の過ごし方？

はい。まず**夕食**は，就寝の2〜3時間前までにはとっておくことが理想的です。夕食をとる時間が遅くなったり，夜10時以降に夜食をとったりすると，睡眠のリズムに悪影響をおよぼします。

なるほど。

また，夜に明るい光を浴びることも，睡眠のリズムを狂わせるので注意が必要です。体内時計（中枢時計）は朝日を浴びることでリセットされますが，逆に夜遅い時間に強い光を浴びると1〜2時間ほど遅れるとされています。

光も気をつけないといけないのですね。

特にスマートフォンやパソコン，LED照明などで使われている波長460ナノメートル前後の青い光は**ブルーライト**といい，眼の網膜にある神経節細胞を刺激します。その信号が中枢時計に伝わることで時計の針が巻き戻されてしまうのです。

そんな！　夜寝る前にスマホを見るのが習慣化してしまってます……。よくないんですね。

スマホのほか，パソコンやゲーム機を使用すること自体でも，いろいろと感じたり考えたりすることで交感神経を活性化させ，寝つきを悪くしてしまいます。
スマホの画面を長時間注視し続けることで，脳や体は過度に活動的な状態になり，不調をきたす場合もあります。

自律神経に直接影響をあたえてしまうんですね！

そうなんです。たとえば，夜10時以降はスマホなどの使用を控え，照明の明るさも落としたり，暖色系に切りかえたりするようにしてみましょう。
このほか，温かいお湯につかる入浴は副交感神経を活性化させ，心身をリラックスさせる効果があります。

シャワーで済ますことがあるんですけど，それじゃあダメですか？

そうですね。短時間でもかまわないので，できれば湯船につかるようにしたほうがいいです。ただし，42℃以上の熱いお湯は逆に交感神経を活性化させてしまって寝つきが悪くなることがあります。**40℃くらいのお湯にゆったりと，のぼせない程度につかるのがよいでしょう。**

夜のシャワーやお風呂は熱すぎてもダメなんですね。寝つきが悪いとき，たまにお酒を飲むんですけど，**飲酒**はどうですか？

寝るためだけに飲むお酒は禁物です。過剰な飲酒をすると睡眠のリズムが崩れ，質が悪くなるので，脳が休まらずに翌朝の目覚めが悪くなります。
また，お酒に含まれるアルコールが排尿をうながし，トイレが近くなるため，睡眠も途中でさまたげられてしまいます。

最適な睡眠時間は人によってことなる

夜は正しく過ごして，朝は朝日を浴びてと。ところで先生，睡眠って実際，何時間ぐらいとればいいんですか？

そうですね，まず，日本人の平均睡眠時間は**7時間22分**（令和3年：経済協力開発機構）で，これは先進国の中で圧倒的に短いことが明らかになっています。
日本の睡眠時間は，調査がおこなわれた33か国（平均8時間28分）の中で最も短く，しかも年々短くなる傾向にあります。

そうなんですか。しかもさらに短くなっているとは！

睡眠不足が何日も重なり，数日から数週間の単位で睡眠不足が慢性化すると，**睡眠負債**とよばれるようになります。

睡眠負債!? 一体どんな負債ですか！

睡眠負債は，睡眠不足が重荷のように積み重なった状態です。この状態になると，日中のパフォーマンスを下げるだけでなく，**肥満**や**脳の老化**などさまざまな健康リスクにつながるといわれています。
こうした睡眠負債を解消したり，ぐっすりと心地よく眠ったりするために，まずは「自分に必要な睡眠時間」が何時間なのかを知ることが大切です。

ということは，人によって最適な睡眠時間がちがうわけですか？

そうなんです。一般的に，必要な睡眠時間は1日7時間程度といわれますが，実際には個人差があり，1日6時間ですむ人もいれば，8時間でも足りない人もいます。

いわれてみれば，自分に必要な睡眠時間はわからないかも……。大体7時間くらいかな，という程度ですね。

そこで，睡眠の専門家がすすめるのが**睡眠日誌**です。これは実際に記録して，自分にふさわしい睡眠時間を確かめることができるのです。

睡眠日誌!?

そうです。まず，自分の2週間分の睡眠日誌を記録しましょう。そして，翌日が平日と休日の睡眠時間をくらべるのです。もし，翌日が平日と休日の睡眠時間にほとんど差がなければ，それが自分にとっての必要な睡眠時間ということになります。

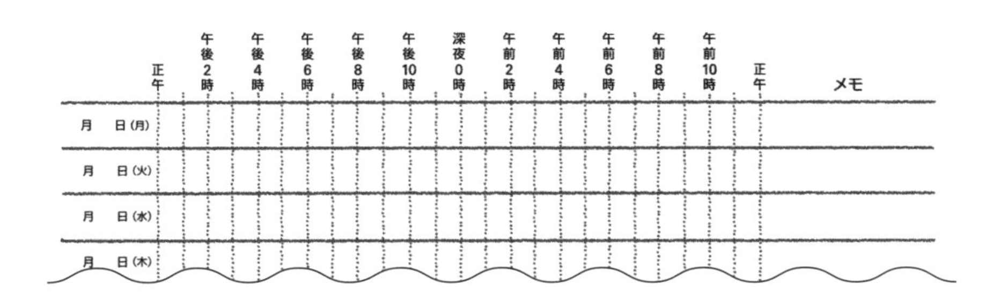

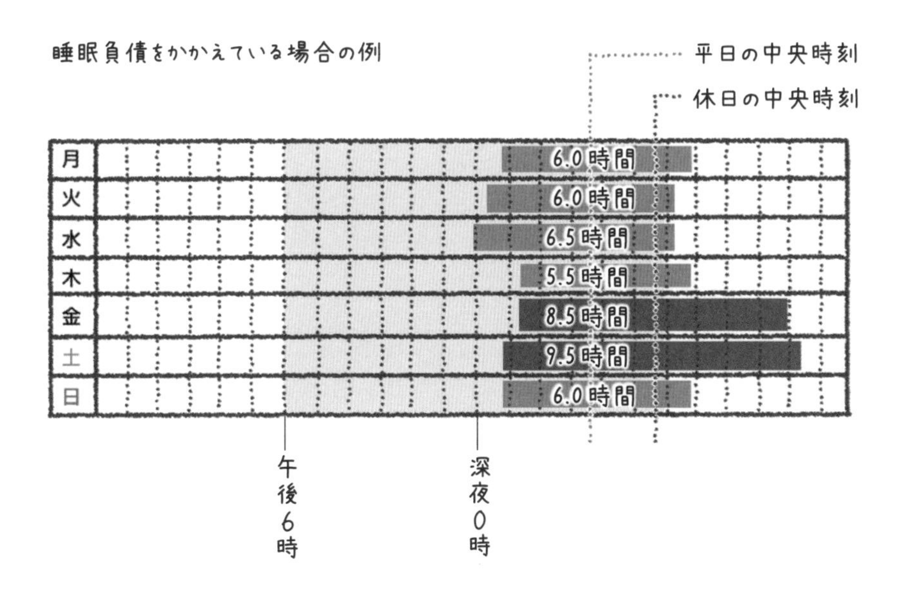

より正確に確かめるには，たとえば「毎日7時間眠る」と決めて1～2週間過ごします。「もっと寝たいな」と感じなければ7時間が必要な睡眠時間です。
もし，「もっと寝たい」と感じた場合は，30分ずつ長くし，逆に，決めた睡眠時間ほど多くは眠れなければ30分ずつ短くして確かめていきましょう。

快眠を得るには最初のノンレム睡眠が大事

睡眠は，時間だけでなく，**質**も大事です。快眠を手に入れるために，睡眠のメカニズムについてお話ししましょう。

睡眠のメカニズム？

はい。睡眠は，大きく分けて，眠りの深い**ノンレム睡眠**と眠りの浅い**レム睡眠**の2種類があります。眠りに入ると，まずノンレム睡眠が60～90分ほど続き，その後レム睡眠に入ります。

この「ノンレム睡眠とレム睡眠のセット」が一晩の睡眠で4〜6回ほどくりかえされたのちに起床します。

そんなにくりかえされていたんですね。

はい。そして，ノンレム睡眠は，睡眠の深さによって，さらにステージ1〜3の3段階に分けることがあります。このうち一番深いステージ3には，脳と体を休ませる大事な役目があり，ステージ3の長さは，最初のノンレム睡眠時が一番長いことがわかっています。

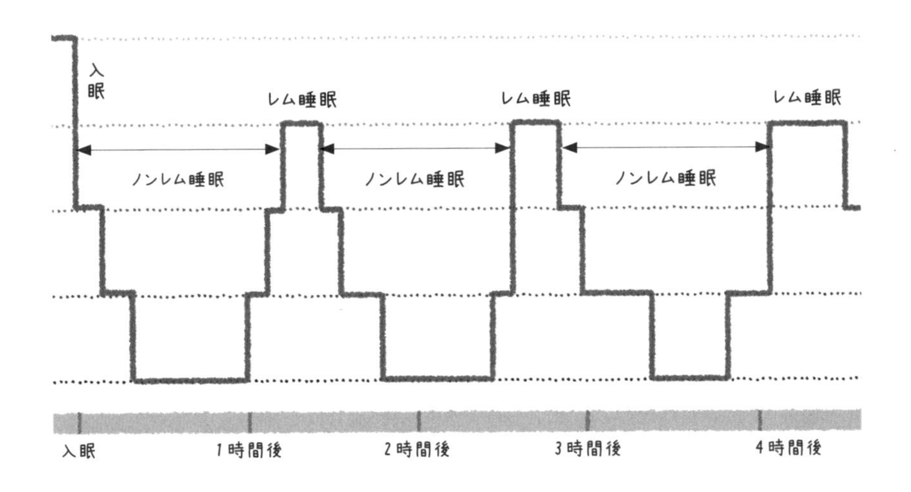

ノンレム睡眠の中にもさらにリズムがあったなんて知りませんでした。ということは，最初のノンレム睡眠が大切ってことですか？

その通りです。**快眠を得るためには，最初のノンレム睡眠をしっかりとることが重要となります。**
ノンレム睡眠のステージ3は特に深い睡眠なので，この段階で目覚めると不快感があります。
反対にレム睡眠，またはノンレム睡眠のステージ1か2の段階で目覚めるとすっきりおきられます。

なるほど！

先ほどお話しした睡眠日誌をつけるなどして，自分に必要な睡眠時間を把握しておけば，適度な起床時間を割りだすことができるでしょう。

私は寝覚めが悪いので，ぜひ知りたいですね。

また，睡眠の質を高めるためには，寝室の環境も重要です。
睡眠の環境を整えるには，三つのポイントがあります。
まず，光です。就寝時の照明は最小限の明るさにし，一方で朝の光は体内時計のリセットに必要なため，カーテンはある程度光を通すものがよいでしょう。

ふむふむ。

また，音も睡眠をさまたげるので，静かな環境を整えましょう。そして三つ目のポイントは，温度です。温度は冬場は18℃前後，夏場は25℃前後がよく，湿度は50～60％がよいとされています。
エアコンを活用し，自分に合った温度と湿度を保つのがよいでしょう。

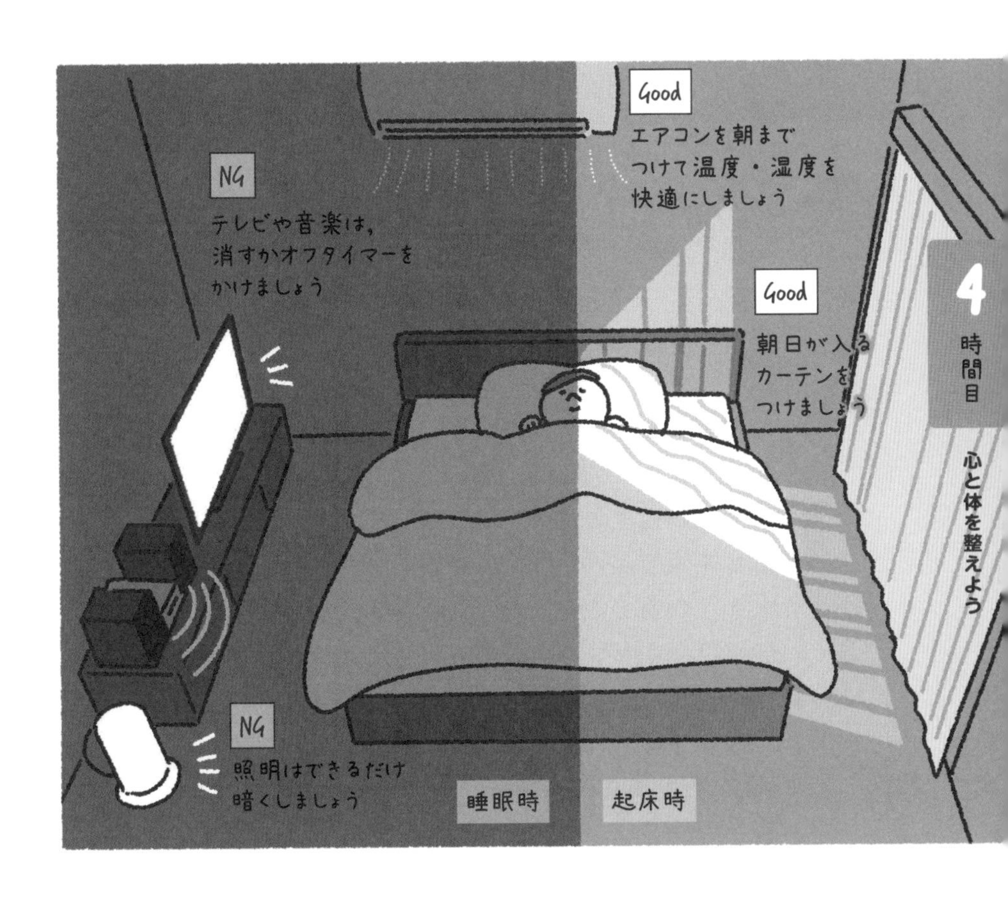

ポイント！

快適な睡眠のためのポイント

- 就寝時の光は最小限であること。
- 静かな環境であること。
- 適温であること。

運動は脳細胞の形も変える!?

自律神経を整えて，ネガティブな気分を発散させたり，心身をリフレッシュさせたりするには，**運動**も効果的です。また，ほどよい疲労感は眠気を誘い，睡眠リズムを整えてくれます。

運動もストレス発散にいいということでしたね。

自律神経を整えるための運動やエクササイズなら，軽いジョギングやウォーキング，サイクリングや水泳など，あまり負荷の高くない**有酸素運動**が最適です。緑の多い公園をジョギングしたり，家の近所を散歩したり，1日20分程度の，ほどよく汗ばむくらいの運動を週3回程度から目指してみましょう。

そんなに頑張らなくてもいいんですね。

そうです。アスリートになるわけではないんですから，自分自身が気持ちよく感じるくらいの負荷がちょうどいいのです。

一定のリズムをともなう有酸素運動は，**セロトニン**の分泌も活性化するとの研究もあります。しかも，セロトニンは，睡眠をうながすメラトニンの材料になりますから，昼間に運動によって分泌されたセロトニンがメラトニンに変わることで，夜間の質の高い睡眠にもつながる，と考えている研究者もいるのです。

一石二鳥ですね！

また，運動は軽度であっても継続して長く続けていくことが大切です。交感神経は，過度にはたらきすぎると心臓などに負担がかかりますが，逆に活動が弱まりすぎてしまっても，体温や血圧などの調整機能がうまくいかなくなり，自律神経のバランスを崩すきっかけになってしまいます。

ふむふむ。

ほどよい負荷の運動を長期間続けることは，自律神経のはたらきを調整してストレスを緩和するだけではなく，体自体を強いストレスにも乗りこえやすくする効果ももたらすわけです。

一石三鳥ですね！

さらには日常的に運動を続けることで，脳内では，セロトニンとともに**エンドルフィン**の放出が盛んになるとされます。

セロトニンやエンドルフィンは，**幸せホルモン**といわれることもあり，心を落ち着けたり，前向きな気持ちにしたりするはたらきがあると考えられています。

ストレス解消や体質改善ができるうえに，幸せホルモンまで出るんですか！

また，**継続的に運動をおこなうことで，日常生活の中で満足感や達成感を感じられるようになれば，抑うつ状態からの解放にもつながります。**
今現在，気力の低下やうつ症状で悩まされている人は，運動をする気力そのものが湧いてこないかもしれません。しかし出来る範囲でよいので，軽い運動や近所の散歩など少しずつ体を動かしてみると，交感神経の活動が高まり，徐々に活力が湧いてくることもあるのです。運動は，軽い抑うつに対する治療法の一つとしても考えられているのです。

まずは，体を動かしてみることなんですね。

そうです。また，軽度の運動がうつ病によいというのは，それだけではありません。前にお話ししたように，強いストレス刺激を受けると，副腎から**コルチゾール**が分泌され，体にさまざまなストレス反応を引きおこします。うつ病の患者では，ストレス反応が非常に活発になり，コルチゾールの量が過剰になっていることが知られています。しかし運動をすると，血液中のコルチゾールの量が下がり，ストレス反応を落ち着かせることができるといわれています。

なぜ，運動するとコルチゾールの量が下がるんですか？

運動も体に負荷をかけますから，ある種のストレス刺激となり，それを感知してコルチゾールが分泌されるんですね。
しかし，運動をしてエンドルフィンの分泌量も増えると，幸福感を感じて気分が上がり，ネガティブな感情に反応しやすい扁桃体の暴走が静まります。その結果，ストレスに対処するために放出されていたコルチゾールの分泌量が減少すると考えられているのです。

なるほど，そういうメカニズムなんですね。

ストレス緩和のための運動は，さっきもお話ししたように，長期的に継続して続ける必要があります。
短期的な運動や，はげしいトレーニングをすると，かえってストレス反応が活発になり，運動すること自体がストレスになってしまいかねません。

運動も加減が大事なんですね。

その通りです。適度な運動を数週間続けるうちに，ストレス反応は徐々に落ち着いていきます。さらに，記憶の中枢である**海馬**と，分析的思考をつかさどる**前頭葉**は，運動により強化されることが示唆される研究もあります。
運動をすることによって海馬が大きくなり，前頭葉は細かな血管が増え，酸素供給量が増えるとする研究もあるのです。

すごい！ 一石三鳥とか四鳥どころじゃないですね。

フフフ，それだけではないんですよ。実は，マウスを用いた実験で，運動することによって延髄の神経細胞の突起の数が半減するという研究報告があるのです。

え？　神経細胞の突起が減るのは，情報の伝達が少なくなって，よくないんじゃないですか？

延髄は，恐怖や不安を感じる扁桃体と脊髄とをつなぐ経路に位置し，扁桃体からの情報を自律神経に伝える役割を担っています。
つまり，神経細胞の突起が多いと，受け取る情報が増えて，扁桃体から過剰に情報を受け取ることになり，自律神経をもっと興奮させてしまうと考えられているのです。

な，なるほど！　刺激になってしまうようなネガティブな感情にかかわる情報が伝わりにくくなるわけですね。

そうかもしれないんです。運動により神経細胞の突起の数が減ると，適正な量の情報が伝達され，自律神経の活性化がおさえられると解釈されているのです。加えて，延髄には血圧をコントロールするはたらきもあるため，血圧も正常にコントロールできるようになる可能性も指摘されています。

ひえぇ～！　もう，**運動はマストですね。**

1日あたりの歩数や早歩きの時間と健康への影響

歩数(歩)	早歩きの時間(分)	予防効果が期待できる病気等
2000	0	寝たきり
4000	5	うつ病
5000	7.5	要支援・要介護，認知症，心疾患，脳卒中
7000	15	がん，動脈硬化，骨粗しょう症
7500	17.5	高血圧，糖尿病，脂質異常症
10000	30	メタボリックシンドローム
12000	40	肥満

深い呼吸で心臓の副交感神経を高める

不安や緊張の気持ちが強くなると，私たちの体はストレスのプロセスが進行していると感知して，無意識のうちに鼓動が速くなり，呼吸も浅くなってきます。
呼吸が浅くなると，呼吸のために動かす横隔膜が緊張し，疲れやすくなってしまうと考えられます。
そこで，深く呼吸をし，息を吐く時間をしっかりつくることで横隔膜を休め，横隔膜の緊張をやわらげることができるとされています。

あわてたときに，**「落ち着いて，深呼吸して！」**というのは理にかなっているんですね。

そうなんです。意識的にも呼吸することはできますからね。特に，つとめて息をゆっくり吐くことで，心臓の副交感神経の活動を高める（心拍数の減少）ことにつながります。歌を歌ったり，人と会話をして声を出すことも，息を吐き，腹筋を使うことになるので，横隔膜を休めることになるとされています。

なるほど，だから会話とかカラオケもいいんですね。

そこで，ストレス状態を落ち着けたいときは，**呼吸**に意識を向けるようにしてみましょう。
その際には，腹筋を使う呼吸法**腹式呼吸**が効果的です。

腹式呼吸はよく聞きますが，実際どんな呼吸法なんでしょうか。

通常の私たちの呼吸は，主に横隔膜を上下させて空気を取り込む**胸式呼吸**です。横隔膜が下がると，息が吸い込まれ，横隔膜が上がると，息が吐きだされます。

無意識にしている呼吸ですね。

胸式呼吸では腹筋を使いませんが，腹式呼吸では，息を吐きだすときに腹筋を意識して使い，ゆっくりと吐きだすのです。
息をゆっくりと吐きだすことで**セロトニン**の分泌量が増え，気持ちが安定して筋肉の緊張が解け，体をリラックスさせることができるともいわれているのです。

呼吸の方法を変えるだけで，そんな効果が得られるんですか！

すごいでしょう。また，腹筋を使うので腹筋強化にもなり，腰痛対策にもなるといわれているらしいんですよ。

ぜひ腹式呼吸をマスターしたいです！

やり方はとても簡単です。
椅子に座り，まず，口からゆっくり息を吐きだします。腹筋を使って息を吐く感じです。お腹に手を当てながら息を吐き，お腹がぺったんこになっているか確認しながらおこなうといいでしょう。

ふうう～。

息をじゅうぶんに吐きだし，口を閉じます。すると，鼻から空気が自然と吸い込まれ，息を吸い込むと，自然とお腹がふくらみます。
たっぷり空気を吸い込んだら，また先ほどと同じように腹筋を使って吸うときの倍くらいの秒数をかけるつもりでゆっくりと息を吐きだします。
決して無理することなく，意識を呼吸に集中させ，深い呼吸を**5～10分**くらいくりかえします。

はぁぁ～。
気のせいか，頭がすっきりするような……。腹式呼吸って簡単なうえに，効果があるみたいですね。

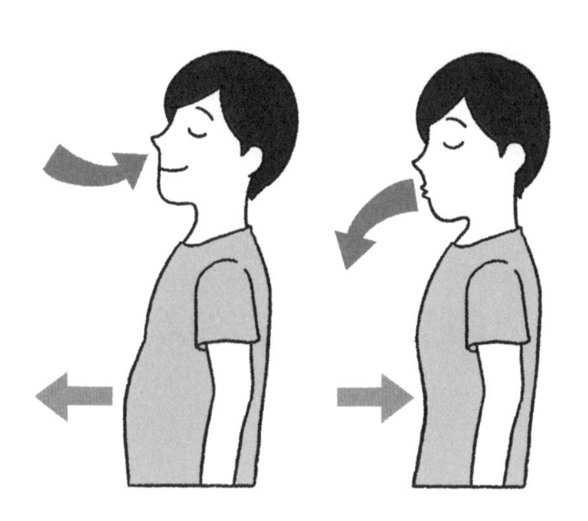

ストレス・マネジメント法として近年注目されている**マインドフルネス**という方法でも，まずは呼吸に意識を向けることをとても大事にしています。
呼吸に集中することで雑念が振り払われ，交感神経の興奮が静まり，感じていた不安や緊張が緩和されていくと考えられています。

負の思考サイクルをストップ！「マインドフルネス」

先ほど少し触れた**マインドフルネス**について紹介しましょう。マインドフルネスは，認知行動療法に取り入れられた新しい要素の一つで，**ヨガ**や**禅**などから宗教的な要素を排除した取り組みです。
呼吸や筋肉の動き，その瞬間に体験していることに意識を集中させ，客観的に観察するというもので，ストレスによる心身への悪影響を低減する手法としても注目されています。

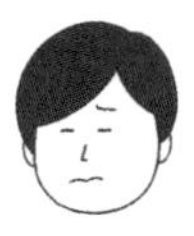

わかったような，わからないような……。

たとえば，過去への後悔や，未来に対する不安をくりかえし考えてしまうとしますよね。このように，ストレスとして感じる思考をくりかえすことを，**反芻思考**といいます。
反芻思考にはまってしまうと，ほかのことをあまり考えられなくなります。ですから，反芻思考がおきやすい人は，うつ病のリスクが高いと考えられています。

先生，反芻思考ってどうしておきてしまうんでしょう。

4 時間目 心と体を整えよう

反芻思考がおきているときには，脳内で**デフォルト・モード・ネットワーク**とよばれる安静時にはたらく脳神経回路が活性化していると考えられています。

でふぉるともーどねっとわーく？

はい。デフォルト・モード・ネットワークは，意識的でないときにはたらいている神経のネットワークで，ぼんやりとしているときに活性化している回路といえるのです。たとえば，ぼんやりとしているときにさまざまな思考が湧き上がることがあるでしょう？　これはデフォルト・モード・ネットワークが活性化しているためだと考えられているのです。

ああ……，そういうときあります。脈略もない思考がふつふつ浮かんでくる感じですね。

そうですよね。そんなときにネガティブなことを考えだしてしまうと，反芻思考におちいりやすいといわれています。負の思考のサイクルにおちいってしまうと，ほかのことを考えられず，したがって目や耳などから入ってくる情報を正しく認識できなくなってしまいます。
そこで，**自分の体の状態に意識を集中させ，無意識に生じているデフォルト・モード・ネットワークの活動を強制的にリセットすれば，反芻思考を止めることが可能になります。**

なるほど……。具体的にはどうするんですか？

マインドフルネスでは，今のこの瞬間の自分に意識を向け，自分自身が感じている感覚や感情をありのままに観察します。その実践方法として，じっと座って呼吸に意識を集中する**静坐瞑想**が，最もよくおこなわれています。

ここで腹式呼吸が役立つというわけなんですね！

そうです。瞑想にはいろいろな種類があり，鳥の声や電車の音，人の声など複数の音が入り混じった音源を聴きながら，特定の音源に意識を集中する瞑想もあります。

へえぇ……。

また，集中する部位を，呼吸や耳といった1か所に絞るのではなく，体全体を対象とする**ボディスキャン瞑想**という方法もあります。
たとえば足の指など，身体の一部に意識を集中させて，その部分から伝わる感覚を感じ取り，順々に足裏，足首，ふくらはぎ，すね，太ももへと意識を移していって，身体全体をすみずみまでありのままに観察してくのです。

不思議な方法ですね。確かに，何か1点に意識を集中させていれば，反芻思考から脱却できそうです。

そうですね。「自分の体」というわかりやすい対象に意識を集中することは，ぼんやりしたときにくりかえされてしまう負の思考サイクルをリセットする訓練として非常によい方法だといわれているのです。
さて，これでストレスと自律神経についてのお話は終わりにしたいと思います。あなたは来月大事なプレゼンを控えていて，日々ストレスを感じているとおっしゃっていましたが，ここまでの話はお役に立ちそうですか？

ストレスや自律神経が健康にどれほどの影響をあたえているのかがすごくよくわかりましたし，いろいろなケアの方法も勉強になりました。
最初は「プレゼン失敗したらどうしよう」という思考で頭がいっぱいでしたが，それよりも，今できることを全力でやろうという気持ちになってます。

素晴らしいですね。ストレスで心身が不調になることは誰にでもおこりうることです。ストレスとうまく付き合って，健康的な生活を送ってくださいね。
健闘を祈っていますよ！

頑張ります！ **先生，ありがとうございました！**

索引

A～Z

あ

か

さ

た

な

は

ま～や

ろ

シリーズ第41弾!!

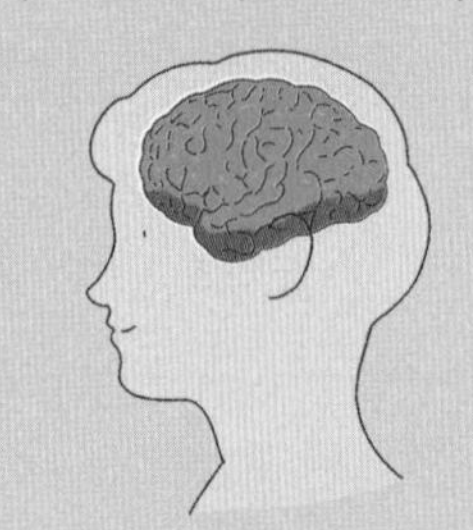

やさしくわかる!
文系のための
東大の先生が教える

発達障害

2024年4月上旬発売予定　A5判・304ページ　本体1650円(税込)

生まれつき脳の発達が通常とことなることで，生活に支障をきたしてしまう場合がある「発達障害」。最近広く知られるようになり，「もしかして，私も発達障害なのかも」と悩む人も少なからずいるようです。

発達障害は病気というよりも，生まれ持った特性だという考え方が近年では一般的です。発達障害の多くは，子供のころに問題が明らかになりますが，成人後に社会に出てからさまざまな困難に遭遇し，そこではじめて発達障害に気づくケースも少なくないといいます。このような発達障害は，「大人の発達障害」などとよばれています。発達障害とはいったいどういうものでしょうか。そして，どのように対応すればよいのでしょうか。

本書では発達障害の症状から原因，そして発達障害の人の対応法まで，生徒と先生の対話を通してやさしく解説します。発達障害についての正しい知識を深めていきましょう。

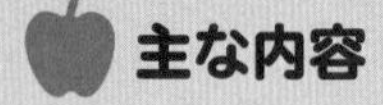

主な内容

発達障害の基本

10人に1人は発達障害かもしれない
原因は，脳の「発達のかたより」

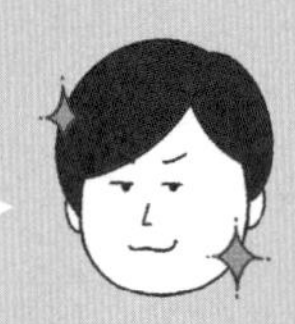

発達障害の三つのタイプ

空気を読むのが苦手なASD
不注意や落ち着きのなさが特徴のADHD

発達障害と心の病

発達障害の人が抱えやすい合併症
発達障害の人が陥りやすい依存症

発達障害との上手な付き合い方

まずは自分の特性を把握しよう
生きづらさを減らす，さまざまな工夫

Staff

Editorial Management　中村真哉
Editorial Staff　井上達彦，宮川万穂
Cover Design　田久保純子
Writer　小林直樹

Illustration

表紙カバー　松井久美
表紙　松井久美
生徒と先生　松井久美
4~6　松井久美
7　佐藤蘭名，松井久美
8~66　松井久美
70　佐藤蘭名
71　羽田野乃花
73~75　松井久美
77~78　佐藤蘭名
80~81　松井久美
83~86　佐藤蘭名
89　松井久美
95　Newton Press
96　佐藤蘭名
97　松井久美
102　松井久美
105　Login/stock.adobe.com
112　佐藤蘭名
115~117　松井久美
120~123　羽田野乃花
126-127　Newton Press
129　松井久美
134　佐藤蘭名
135　松井久美，Newton Press
138　松井久美
140　佐藤蘭名
145~146　松井久美，Newton Press
148　Newton Press
149~154　松井久美，Newton Press
155~169　松井久美
171　羽田野乃花
172~177　松井久美
179~183　佐藤蘭名
193　松井久美
194　Newton Press
196　松井久美
197　Newton Press
201~203　松井久美
213~214　羽田野乃花
217　松井久美
219　羽田野乃花
221~224　松井久美
226~232　羽田野乃花
234　松井久美
236-237　Newton Press
243~266　松井久美
270~273　羽田野乃花
276　松井久美
279　羽田野乃花
280　松井久美
281~283　羽田野乃花
284~293　松井久美
295　羽田野乃花
297~301　松井久美
287~301　松井久美
302-303　羽田野乃花
　松井久美

監修（敬称略）：
滝沢 龍（東京大学大学院准教授）

やさしくわかる！
文系のための 東大の先生が教える
ストレスと自律神経

2024年4月5日発行

発行人　高森康雄
編集人　中村真哉
発行所　株式会社 ニュートンプレス　〒112-0012 東京都文京区大塚3-11-6
https://www.newtonpress.co.jp/
電話　03-5940-2451

ISBN978-4-315-52792-6